Mohsen Abdel Tawwab

Suplemento alimentar para peixes de água doce

Mohsen Abdel Tawwab

Suplemento alimentar para peixes de água doce

Abordagens experimentais

ScienciaScripts

Imprint

Cover image: www.ingimage.com

This book is a translation from the original published under ISBN 978-3-659-58067-3.

Publisher:
Sciencia Scripts
is a trademark of
Dodo Books Indian Ocean Ltd. and OmniScriptum S.R.L publishing group

120 High Road, East Finchley, London, N2 9ED, United Kingdom
Str. Armeneasca 28/1, office 1, Chisinau MD-2012, Republic of Moldova, Europe
Printed at: see last page
ISBN: 978-620-8-08548-3

Índice:

Suplementação da alimentação dos peixes: Abordagens experimentais

Mohsen Abdel-Tawwab
Department of Fish Biology and Ecology
Central Laboratory for Aquaculture Research
Abbassa, Abo-Hammad, Sharqia 44662, Egito

INTRODUÇÃO

A aquacultura é conhecida no Egito desde o início da história escrita; os frisos dos túmulos datam de 2500 a.C. e ilustram a colheita de tilápias em tanques (Bardach et al, 1972). Uma forma tradicional de aquacultura, conhecida como "hosha", foi praticada durante muitos séculos na região dos lagos do Delta do Norte até há poucas décadas (Eisawy e El-Bolok, 1975). Além disso, a aquicultura remonta a mais de 2000 anos na China (Boyd e Tucker, 1998). O sector da aquacultura desenvolveu-se rapidamente durante as duas últimas décadas e desempenhará um papel importante na contribuição para a procura de proteínas por parte dos seres humanos no futuro, através da intensificação da aquacultura e da globalização do comércio de peixe, que levaram a desenvolvimentos notáveis na indústria da aquacultura (Abdel-Tawwab et al., 2007 a; Abdel-Tawwab e Ahmad, 2009 a). Com o tempo, a aquicultura emergiu como uma das indústrias mais promissoras e de crescimento mais rápido, e fornece proteína animal de alta qualidade com a produção global total aumentando para 66,63 milhões de toneladas em 2012 de 63,6 milhões de toneladas em 2011 (FAO, 2014). Com a crescente procura de uma aquacultura amiga do ambiente, a utilização de imunoestimulantes orgânicos, como prebióticos, probióticos e plantas medicinais na aquacultura, é agora amplamente aceite.

Juntamente com a crescente procura de peixe, os desafios enfrentados pelos agricultores consistem em obter um aumento da taxa de crescimento, minimizando os surtos de doenças. Tem havido uma mudança nas práticas de aquacultura, passando de sistemas extensivos para sistemas semi-intensivos e intensivos. Com a expansão da aquicultura intensiva, as doenças surgiram com maior frequência. A aplicação de antibióticos e quimioterápicos para controlar estas doenças causou muitos outros problemas, como a propagação de agentes patogénicos resistentes aos medicamentos, a supressão do sistema imunitário dos animais aquáticos e os riscos ambientais (Brogden et al., 2014; Allameh et al., 2016). Para além da terapêutica e das vacinas, uma abordagem alternativa para aumentar a resistência às doenças, as respostas imunitárias e outros benefícios para a saúde é a administração de prebióticos, probióticos e outros aditivos alimentares que têm várias propriedades promotoras de saúde para a piscicultura (Irianto e Austin, 2002; Kesarcodi-Watson et al., 2008; Carnevali et al., 2014; Akhter et al., 2015; Bandyopadhyay et al., 2015; Wu et al., 2015; Dawood e Koshio, 2016). No entanto, há claramente uma necessidade de aumentar o conhecimento da avaliação desses imunoestimulantes.

Capítulo 1

1. Suplementação de prebióticos para peixes

Com base em Fooks et al. (1999), Gibson et al. (2004) e Mahious e Ollevier (2005), qualquer alimento que chegue ao cólon, por exemplo, hidratos de carbono não digeríveis, alguns péptidos e proteínas, bem como certos lípidos, é um candidato a prebiótico. Os prebióticos são principalmente pequenos fragmentos de hidratos de carbono e estão comercialmente disponíveis como oligossacáridos de galactose, frutose ou manose. Para que um ingrediente alimentar seja classificado como prebiótico, deve cumprir os seguintes critérios: resistência à acidez gástrica, hidrólise por enzimas digestivas e absorção gastrointestinal, fermentação pela microflora intestinal e estimulação selectiva do crescimento e/ou da atividade de bactérias intestinais associadas à saúde (Gibson et al., 2004). Os prebióticos afectam o hospedeiro de forma benéfica, estimulando seletivamente o crescimento ou a atividade de uma ou de um número limitado de espécies bacterianas, já residentes no intestino, tentando assim melhorar a saúde do hospedeiro (Gibson e Roberfroid, 1995; Roberfroid e Slavin, 2000; Roberfroid et al., 2010). Além disso, os prebióticos têm um papel importante na aquicultura como estimulantes do crescimento e da imunidade (Ganguly et al., 2013; Akhter et al., 2015; Hoseinifar et al., 2015; Carbone e Faggio, 2016). Dawood e Koshio (2016) resumiram os estudos que utilizaram prebióticos na aquicultura de carpas (Tabela 1).

Tabela 1. Estudos que utilizam prebióticos na aquacultura da carpa (segundo Dawood e Koshio, 2016).

Espécies	**Prebiótico**	**Doses e duração da administração**	**Resultados -[311]**	**Referências**
Carpa comum (20 ± 2 g)	FOS	**25-5 g kg"[1] - 12 semanas**	**WBC, CRALYM, MON. PLA (f)**	**Abdulrahman e Ahmed (2015)**
Carpa Gibel (6,87 ± 0,21 g)	MOS	**45 g kg"[1] - 8 semanas**	**IgM, LZY, ACP (() FNW, WC, SCR, FCR, CF(")**	**Akrami et al. (2012)**
Carpa comum (1,11 ± 0,05 g)	**MOS**	**5 g kg*[1] -90 dias**	**WG, CF, PER (t)**	**Atar e Ates (2009)**
Carpa Gibel (4,80 ± 0,01 g)	**Quitosano**	**75 g kg*[1] -75 dias**	**LEU. PHA REA. ACP. MIC. THC, DR (1} CHO.TG, LDL(l)**	**Chen et al. (2014)**

Carpa comum (185,5 ± 35,1 g)	p-1,3/1,6-D-gliicano	5 g kg*¹ -50 dias	Hb. WBC. LYM. MON. GLU, ALB. CHO, TSP, LAC. IMG (T) WG.HSI, SSI,CF,TL(")	Dobsikova et al. (2013)
Carpa comum (11,12 ± 0,55 g)	Imunogénio® (MOS + EG)	1-1,5 g kg"¹ -8weeks	FER. PER, CCCP, CCI. FCR, THC. PTP. ALB. HCT. LEU, GLU, PU, EU (|) WG(")	Ebrahim! et al. (2012)
Carpa comum (0,55 ± 0,02 g)	Inulina	5-10 g kg*¹ -7 semanas	SUR, CCI (T) CCP(l) FNW, WG, SCR. FCR, CF, PA LI, AMY ("	Eshaghzadeh et aL(2015))
Carpa comum (7,32 ± 2,2 g)	Quitosano e quitina	10g kg*¹ -90 dias	WG, LZY. NBT.DR(T)	Gopalakannan e Arul (2006)
Carpa comum (550 ± 20 mg)	FOS	5 g kg*¹ -7 semanas	Ll, AMY. SUR. LAB (î) FNW, WG.SGR.FCR. CF (")	Hoseinifar et al. (2015b)
Carpa comum (3-23 ± 0-14 g)	FOS	2-3 g kg*' - 7 semanas	WBC, RBA.THC, LAB, SUR, SR (T) FNW, WG, SCR, CF, FCR, LYM, NEU, MON, LEU. HCT.Hb(w)	Hoseinifar et al. (2014b)
Carpa comum (93,2 ± 24,9 g)	|3-(1,3/1,6)-D-Clucan	10gkg"¹ - Udays	DIM (î)	Jung-Schroers et al. (2015)

Carpa-espelho (7 g)	p-(l,3)(l,6)-n-Glucano	lOgkg"[1] -4weeks	THC(î)	Kuhlwein et al. (2013)
Carpa-espelho (11,1 g)	p-(13)(l,6)-D-Clucano	10-20 g kg"[1] -8 semanas	WG, SCR, FCR, HCT, MON (î) CCCP. CCL, RBC, WBC, GLU, TSP, ALB, LYM, GLU (~)	Kuhlwein et al. (2014)
Carpa cruciana (lS.88-17.56g)	XOS	100 nig kg"[1] -45 dias	WG, SCR, PA, AMY (t) SUR (")	Xu et al. (2009)

[a] FNW: peso final, WG: ganho de peso, SGR: taxa de crescimento específico, FCR: rácio de conversão alimentar, PER: rácio de eficiência proteica, LAB: bactérias do ácido lático, CCCP: composição da carcaça em proteínas brutas, CCL: composição da carcaça em lípidos, PA: atividade de protease, AMY: atividade de amilase, LEU: valor leucrit, DR: resistência à doença, LZY: atividade de lisozima, TSP: proteína sérica total, ALB: nível de albumina, RBA: atividade de explosão respiratória, PHA: atividade fagocítica, ACP: fosfatase ácida, SUR: sobrevivência, IgM: IgM sérica, WBC: glóbulos brancos, RBC: glóbulos vermelhos, Hb: hemoglobina, HCT: hematócrito, GLU: glucose, CHO: colesterol, LI: lipase, THC: bactérias heterotróficas totais, IMG: produção de imunoglobulinas, NBT: ensaio de neutroblue tetrazolium, GRA: contagem de granulócitos, LYM: contagem de linfócitos, MON: contagem de monócitos, PLA: plaquetas, FOS: fruto-oligossacárido, MOS: mananoligossacárido, BG: p-glucano, CF: fator de condição, TG; triglicéridos, LDL: lipoproteína de baixa densidade, MIC: altura das microvilosidades, HSI: índice hepatossomático, SSI: índice somático do baço, TL: comprimento total, LAC: lactato, PTP: proteína total plasmática, PU: utilização de proteínas, EU: utilização de energia, XOS: xilooligossacárido, SR: resistência ao stress e DIM; diversidade da microflora intestinal.

b Variação nos peixes tratados em comparação com os controlos: J, aumento significativo; j, diminuição significativa; e ^, sem alterações significativas.

Além disso, Ganguly et al. (2013) consideraram os ácidos orgânicos e as enzimas digestivas, como a xilanase, como prebióticos. No entanto, os ácidos orgânicos são utilizados principalmente para higienizar os alimentos que contêm vários agentes infecciosos e patogénicos (Hinton et al. 1985; Barchieri e Barrow, 1996; Thompson e Hilton, 1997). Em todos os casos, os prebióticos podem desempenhar um papel importante no aumento do desempenho do crescimento, na melhoria do sistema imunitário e na alteração da comunidade bacteriana no trato gastrointestinal dos peixes.

1.1. Suplementação de ácidos orgânicos em peixes

Os ácidos orgânicos (AO) são utilizados principalmente para higienizar os alimentos que contêm vários agentes infecciosos e patogénicos (Hinton et al., 1985; Barchieri e Barrow, 1996; Thompson e Hilton, 1997). Os ácidos orgânicos nas suas formas não dissociadas são capazes de atravessar a membrana celular das bactérias, onde se dissociam para produzir iões H^+ que baixam o pH da célula bacteriana, fazendo com que o organismo utilize a sua energia para restabelecer o equilíbrio normal. Por outro lado, os iões $RCOO^-$, produzidos a partir do ácido, podem perturbar o ADN, dificultando a síntese proteica e colocando o organismo em stress. Como resultado, o organismo não se pode multiplicar rapidamente (Nursey, 1997).

Eidelsburger e Kirchgessner (1994) referiram que o formiato de cálcio, por si só ou em combinação com outros ácidos, quando administrado a uma taxa de 0,5 e 1,5 %, aumentou a TCA e o desempenho em termos de crescimento até aos 35 dias de idade. Benedetto (2003) também observou que a mistura de ácidos orgânicos (ACIDLAC) utilizada como substituto de promotores de crescimento (AGPs) melhorou o desempenho da produção, juntamente com outros efeitos benéficos. Mairoka et al. (2004) também referiram que a mistura de ácidos orgânicos pode ser utilizada eficazmente como substituto de antibióticos promotores de crescimento (AGPs) para melhorar o desempenho fisiológico.

Já foi relatado que 1% de ácido fórmico ou 1,45% de formiato de cálcio não têm efeito sobre o peso vivo (Izat et al., 1990). Verificou-se que a mistura de 80% de ácido fórmico e 20% de ácido propiónico adicionada a 1% à ração não afectava o peso vivo (Kaniawati et al., 1992). Também foi relatado que a mistura de ácido fórmico e ácido propiónico (85 e 15%) adicionada a 1% à ração no período inicial não afectou o ganho de peso (Visek, 1978). Também foi relatado um aumento significativo no ganho de peso corporal com a suplementação de 0,5% de ácido lático na água de beber (Veeramani et al., 2003). Também foi revelado que o aumento do peso corporal ocorre com a suplementação de ácido lático.

1.2. Suplemento de enzimas digestivas para peixes

A alimentação dos peixes é o principal fator que afecta a sua sobrevivência e desempenho. Para assegurar uma elevada sobrevivência, é necessário utilizar regimes alimentares adequados. A dieta deve fornecer os requisitos nutricionais necessários para os peixes. Em alguns casos, as larvas de peixe não podem consumir perfeitamente as dietas artificiais devido ao desenvolvimento incompleto do trato digestivo e a atividade enzimática é demasiado baixa para ser suficiente para a digestão das dietas formuladas (Kolkovski et al., 1993). Por conseguinte, a suplementação de enzimas exógenas à dieta formulada pode aumentar a sua assimilação. A influência da enzima exógena no desempenho do crescimento das larvas foi bem investigada no caso da dourada, *Sparus auratus* (Kolkovski et al., 1993), do robalo, *Dicentrarchus labrax* (Kolkovski et al, 1997), truta arco-íris, *Oncorhynchus mykiss* (Farhangi e Carter, 2007; Ogunkoya et al., 2006), robalo japonês, *Lateolabrax japonicus* (Ai et al., 2007), e peixe-gato africano, *Clarias gariepinus* (Yildirim e Turan, 2010). Por outro lado, devido à elevada dependência da utilização de farinha de peixe nas dietas para peixes, os subprodutos vegetais são normalmente utilizados como ingredientes nas dietas para peixes. No entanto, existem limitações nos níveis de inclusão de ingredientes vegetais para a maioria das espécies de peixes devido à presença de factores antinutricionais (ANFs) que prejudicam a utilização de nutrientes, resultando numa redução do crescimento, da utilização de nutrientes e da eficiência alimentar (Francis et al., 2001; Khattab e Arntfield, 2009). A protease alimentar pode compensar a deficiência de enzimas endógenas, especialmente nos animais jovens, e ajudar na decomposição de proteínas macromoleculares difíceis de digerir. Além disso, o fitato, os inibidores da protease e os polissacáridos não amiláceos (NSP) são importantes factores antinutricionais frequentemente presentes nos ingredientes vegetais. A suplementação com xilanase melhora a função dos ácidos biliares conjugados no conteúdo intestinal e aumenta o tamanho das vilosidades da parede do intestino delgado (Bar et al., 2012). Além disso, a xilanase melhora o desempenho do crescimento, a utilização da ração e diminui a ingestão de água (Wu et al., 2004) e o teor de vitamina E do fígado foi significativamente melhorado pela adição de xilanase (Danicke et al., 1999, 2001).

Note-se que a suplementação de enzimas exógenas nas rações pode melhorar o desempenho do crescimento dos peixes cultivados através do aumento da digestibilidade dos nutrientes (Drew et al., 2005; Farhangi e Carter, 2007), do aumento das actividades das enzimas digestivas (Lin et al., 2007) e da melhoria da estrutura histológica (Mathlouthi et al., 2002) e da saúde do intestino (ver Castillo e Gatlin, 2015). Além disso, a aplicação de enzimas exógenas pode permitir flexibilidade na formulação da dieta através da incorporação de ingredientes vegetais de menor qualidade e menos dispendiosos. Para além do potencial das enzimas exógenas para promover o crescimento e a utilização de nutrientes (Adeola e Cowieson, 2011; Adeoye et al., 2016), podem alterar a disponibilidade de substratos para populações específicas de micróbios intestinais, alterando assim potencialmente a composição ou as actividades da comunidade bacteriana (Bedford e Cowieson, 2012; Kiarie et al., 2013; Zhou et al., 2013; Jiang et al., 2014; Adeoye et al., 2016).

1.3. Suplemento de polissacáridos para peixes

Os polissacáridos são moléculas biológicas importantes e estão presentes em plantas, animais e micróbios. Os polissacáridos têm sido considerados um imunoestimulante de largo espetro desde a década de 1960. Em geral, a investigação aplicada aos polissacáridos na aquicultura pode ser dividida em investigação sobre três tipos de administração: adicionados ao tanque do animal, injectados no organismo ou utilizados como aditivos alimentares para animais. Estes mecanismos de administração são utilizados para explorar os seus efeitos na defesa imunitária. Os polissacáridos são amplamente utilizados em instalações de criação de animais aquáticos como aditivos alimentares porque este método de administração é simples e adequado para aplicação em grande escala. Uma variedade de polissacáridos de muitas fontes, como o mananoligossacárido (MOS), o frutooligossacárido (FOS), os xilo-oligossacáridos (XOS), os galactooligossacáridos (GOS), os P-glucanos, o quitosano, a inulina, etc., comportam-se como imunomoduladores, estimulando o desempenho dos peixes e o seu sistema imunitário. O oligossacárido de manano (MOS) é um dos imunomoduladores, obtido a partir da parede celular externa da levedura *Saccharomyces* spp. O MOS pode manter a saúde intestinal através

da adsorção de bactérias patogénicas, contendo fímbrias de tipo I ou aglutinando diferentes estirpes bacterianas (Spring et al., 2000). O crescimento, a eficiência alimentar e a sobrevivência foram melhorados em duas experiências com trutas arco-íris que foram alimentadas com uma dieta contendo
2 g MOS/kg em comparação com os alimentados com a dieta basal (Staykov et al., 2007; Grisdale-Helland et al., 2008). Ebrahimi et al. (2012) analisaram os efeitos do MOS comercial na dieta sobre a utilização dos alimentos, a taxa de crescimento, a promoção da imunidade e a composição da carcaça de alevinos de carpa comum, que foram alimentados com cinco dietas experimentais contendo 0, 0,5, 1, 1,5 e 2,5 g de MOS/kg de dieta durante 8 semanas. Os resultados revelaram que uma suplementação dietética de MOS de 1 a 1,5 g/kg é capaz de melhorar a eficiência alimentar e o desempenho do crescimento de alevins de carpa comum, bem como a sua resistência à infeção por *A. hydrophila*.

A composição corporal da truta arco-íris e da tilápia híbrida foi afetada pela suplementação com MOS; no entanto, o conteúdo proteico do corpo aumentou significativamente à medida que o nível de MOS na dieta aumentou de 1,5 para 4,5 g/kg (Genc et al., 2007 a; Yilmaz et al., 2007). Em contrapartida, a suplementação da dieta com 10 g/kg de MOS resultou numa diminuição da concentração de proteínas no corpo do salmão no presente ensaio, em conformidade com os resultados de Genc et al. (2007 b), em que *Penaeus semisulcatus* (de Haan, 1844) foi alimentado com uma dieta contendo 4,5 g/kg de MOS. Genc et al. (2007 b) especularam que a menor concentração de proteína corporal em camarões alimentados com a dieta MOS pode ter sido o resultado de uma menor utilização de aminoácidos e digestibilidade da dieta (Grisdale-Helland et al., 2008). A suplementação da dieta com inulina não afectou a composição corporal dos juvenis de beluga (Akrami et al., 2009).

Os frutooligossacarídeos (FOS) estão entre os prebióticos mais bem estabelecidos para uso em rações aquáticas (Ring0 et al., 2010; Hoseinifar et al., 2014). Os FOS são produzidos à escala comercial por dois processos diferentes, quer através da hidrólise enzimática da inulina da raiz de chicória, quer a partir da sacarose. Os FOS são compostos por longas cadeias lineares de unidades de frutose ligadas por ligações p-(2-1) a uma unidade terminal de glucose. Os fruto-oligossacáridos de cadeia curta (scFOS) têm uma composição química semelhante à dos FOS mas um grau de polimerização de apenas 1 a 5 unidades de glucose (Bornet et al., 2002). Os FOS são fermentados no trato gastrointestinal por bifidobactérias benéficas e outras bactérias produtoras de ácido lático que possuem p-frutosidase que hidrolisa as ligações glicosídicas p-(2-1), uma enzima que não existe nos tractos digestivos dos mamíferos e dos peixes (Roberfroid e Slavin, 2000; Roberfroid et al., 2010). Em várias espécies de peixes, foi relatado que os FOS melhoraram o desempenho do crescimento e a eficiência alimentar, aumentaram as respostas imunitárias não específicas e a resistência a doenças, melhoraram a função intestinal e o estado morfológico e aumentaram as bactérias promotoras da saúde no intestino (Anguiano et al., 2013, Hui-yuan et al., 2007, Ortiz et al., 2013, Soleimani et al., 2012, Zhou et al., 2009; Zhou et al., 2010; Hoseinifar et al., 2014).

O xilooligossacárido (XOS) é um prebiótico emergente que está a ganhar importância como ingrediente funcional na formulação de produtos farmacêuticos, alimentos para animais e géneros alimentícios (Aachary e Prapulla, 2011). Industrialmente, o XOS é produzido por hidrólise química ou enzimática da xilana, que é o principal componente das matérias-primas lignocelulósicas (Vázquez et al., 2000). Embora a estrutura química dos XOS dependa da fonte de xilano, é geralmente constituída por cadeias de xilose ligadas por ligações P-(1-4), com um grau de polimerização que varia entre 2 e 10. Estudos em mamíferos mostraram que os XOS promovem a atividade de bactérias intestinais benéficas, principalmente espécies de *Bifidobacterium*, levando a um aumento dos AGCC do ceco (Broekaert et al., 2011). Estes dois efeitos estão relacionados com uma série de benefícios para a saúde, incluindo a melhoria da função intestinal, a absorção de minerais, o metabolismo dos lípidos e da glicose, a atividade imunomoduladora, a redução do risco de cancro do cólon e as funções antioxidante, anti-inflamatória e antimicrobiana (Aachary e Prapulla, 2011; Broekaert et al., 2011). Até à data, apenas dois estudos foram realizados para avaliar o potencial dos XOS em peixes (Li et al., 2008; Xu et al., 2009). Na carpa cruciana aloginogenética (*Carassius auratus gibelio*), o desempenho do crescimento e as actividades das enzimas digestivas foram superiores nos peixes alimentados com 100 mg de XOS/kg em comparação com a dieta de controlo (Xu et al., 2009). O suplemento dietético de XOS a 400 mg/kg melhorou o desempenho do crescimento e a imunidade não específica do pregado juvenil (*Scophthalmus maximus*; Li et al., 2008). Guerreiro et al. (2015) estudaram os efeitos de FOS e XOS no desempenho de crescimento, utilização de alimentos e atividade hepática de robalo europeu (*Dicentrarchus labrax,* juvenis; no entanto, os peixes foram alimentados com dietas à base de plantas ou à base de farinha de peixe, incluindo 1% de scFOS ou 1% de XOS (dietas PPFOS, PPXOS, FMFOS e FMXOS). Verificaram que o desempenho em termos de crescimento era superior nos peixes alimentados com a dieta PPXOS do que com a dieta PPC, sem qualquer efeito dos prebióticos na eficiência alimentar.

Os glucanos existem principalmente nas paredes celulares de bactérias e leveduras e possuem uma espinha dorsal helicoidal ou espiralada devido a ligações de hidrogénio intramoleculares específicas. Os glucanos são reconhecidos pelo sistema imunitário dos animais aquáticos como um padrão molecular estranho. A aplicação de glucanos tem sido amplamente estudada em animais aquáticos, e os resultados indicam que os 0-glucanos promovem o crescimento em certos tipos de animais aquáticos. Foram efectuados muitos estudos sobre as propriedades dos 0-glucanos e a sua utilização eficaz em piscicultura (Ganguly et al., 2009, 2010 a,b). No entanto, têm a capacidade de estimular os macrófagos através da ativação do sistema de complemento, reacções imunitárias e efeitos imunomoduladores (Vetvika e Sima, 2004). As actividades biológicas dos 0-glucanos são influenciadas por diferentes parâmetros físico-químicos, como a solubilidade, a estrutura primária, o peso molecular, a ramificação e a carga do polímero. Os ß-glucanos possuem uma forte atividade imunoestimulante numa grande variedade de espécies, incluindo camarões, peixes, ratos, coelhos, porquinhos-da-índia, ovelhas, porcos, gado e seres humanos. Com base nestes resultados, concluiu-se que os ß-glucanos representam um tipo de imunoestimulante que é ativo em todo o espetro evolutivo. Os invertebrados possuem mecanismos de defesa activos que lhes permitem utilizar as suas vias de defesa inatas altamente eficazes contra agentes patogénicos invasores, apesar da ausência de linfócitos ou de um sistema imunitário adaptativo baseado em anticorpos (Vetvika et al., 2007; Ganguly et al., 2009, 2010 a,b). Os ß-glucanos podem ser utilizados como agentes amigos do ambiente, em contraste com os produtos químicos antimicrobianos na aquicultura, que é frequentemente afetada por problemas de doença em condições intensivas. Atualmente, a procura de promotores de saúde, de uma maior eficiência alimentar e de alternativas aos antibióticos tem aumentado na aquicultura.

O quitosano é uma desacetil quitina, que é um tipo de polissacárido alcalino que se encontra nas carapaças de animais aquáticos como o camarão, o caranguejo e o marisco. O quitosano é um polissacárido linear composto por D-glucosamina ligada a ß-(1-4). É produzido por desacetilação alcalina da quitina, que é o principal constituinte do exosqueleto de artrópodes como caranguejos, camarões, lagostas e insectos. Na aquicultura, o efeito imunoestimulante do quitosano foi registado em algumas espécies de aquicultura, como a truta arco-íris, *Oncorhynchus mykiss* (Siwicki et al., 1994), a solha-das-olivas, *Paralichthys olivaceus* (Cha et al., 2008) e a carpa comum, *Cyprinus carpio* (Gopalakannan e Arul, 2006). Chen et al. (2014) referiram que a inclusão de quitosano na dieta durante um ensaio alimentar de 75 dias melhorou o desempenho do crescimento, o metabolismo lipídico e a resposta imunitária, modulou a microbiota intestinal e protegeu a carpa gibel da invasão de agentes patogénicos. Além disso, o número de células caliciformes, linfócitos intraepiteliais do intestino médio e a altura das microvilosidades do intestino distal aumentaram com a quitosana na dieta.

A inulina e a oligofrutose são os ingredientes alimentares prebióticos mais utilizados na Europa. São frutanos que ocorrem na chicória, nas alcachofras de Jerusalém, na dália, no alho, nos espargos e, em menor escala, nos cereais (Van Loo et al., 2002). Akrami et al. (2009) investigaram os efeitos da inulina prebiótica na dieta sobre o desempenho do crescimento, a microflora intestinal, a composição corporal e os parâmetros hematológicos de juvenis de beluga, *Huso huso*; no entanto, os peixes foram alimentados com dietas contendo níveis de inulina prebiótica que variavam de 1 a 3%. Encontraram uma relação negativa entre alguns índices de desempenho, incluindo o ganho de peso (WG), a taxa de crescimento específico (SGR), o rácio de eficiência proteica (PER), a retenção de energia (ER), a eficiência alimentar (FE), a retenção de proteínas (PR) e o nível de suplementação de inulina, o que indica que a inulina não é adequada para suplementação na dieta da beluga. Eshaghzadeh et al. (2015) analisaram o efeito da inclusão de 0, 5 e 10% de inulina no desempenho de crescimento, utilização da dieta, taxa de sobrevivência, composição da carcaça e atividades de enzimas digestivas (amilase, lipase e protease) de alevinos de carpa comum por 7 semanas. Não se observou qualquer efeito no desempenho do crescimento e na utilização da dieta dos peixes alimentados com inulina em comparação com o grupo de controlo. No entanto, a suplementação de inulina aumentou significativamente a taxa de sobrevivência e o conteúdo lipídico da carcaça, enquanto o conteúdo proteico da carcaça diminuiu significativamente. A inulina dietética não teve efeitos significativos nas actividades da lipase digestiva, protease e amilase.

1.4. Suplemento de selenoyeast para peixes

O selénio é um membro do Grupo VIA da Tabela Periódica e, como tal, tem uma química muito semelhante à do enxofre. Devido à semelhança química, as plantas e as leveduras podem substituir o enxofre por selénio na biossíntese da metionina, produzindo selenometionina (SeMet), que pode ser incorporada pelos animais nas proteínas. O SeMet ingerido está disponível para a síntese geral de proteínas, onde não é especificamente incorporado nas proteínas em vez da metionina. Aqui pode acumular-se como parte das reservas de selénio do organismo e, em última análise, pode tornar-se biologicamente disponível para outras vias metabólicas em função da rotação das proteínas.

O selénio (Se) é um oligoelemento essencial necessário na dieta para o crescimento normal e a função fisiológica dos peixes (Hilton et al., 1980; Bell et al., 1985; Wang e Lovell, 1997; Lin e Shiau, 2005). A forma inorgânica de Se, como o selenito de sódio ou o selenato de sódio, é normalmente utilizada como suplemento de Se nas dietas dos animais. A forma orgânica de Se, como o selenoyeast ou o SeMet, pode ter benefícios superiores aos proporcionados pelas formas inorgânicas (Wang e Lovell, 1997; Mahan, 1999). Um desses benefícios é o facto de a biodisponibilidade do Se obtido a partir de uma fonte orgânica ser superior à obtida a partir de uma fonte inorgânica para o salmão do Atlântico (Bell e Cowey, 1989; Lorentzen et al., 1994) e para o peixe-gato (Wang e Lovell, 1997).

O Se é um componente da enzima glutatião peroxidase, que protege as membranas celulares contra os danos oxidativos (Rotruck et al., 1973). No entanto, foi demonstrado que o Se tem um efeito protetor em alguns mamíferos, como o rato, contra níveis tóxicos de metais pesados (Levander, 1986; Rana e Boora, 1992; Rana e Verma, 1997). Mahmoud e Edens (2003, 2005) verificaram que os frangos alimentados com selenito são mais resistentes ao stress térmico e às bactérias enteropatogénicas *Escherichia coli* do que os alimentados com selenito de sódio. Ahmad et al. (2006) verificaram que a suplementação com SO a alevins de tilápia do Nilo melhorou o crescimento, a utilização dos alimentos e reduziu a suscetibilidade de *Aeromonas hydrophila*. Lin e Shiau (2007) investigaram os efeitos da suplementação de SO com 0, 0,8 ou 1,6 mg Se/kg de dieta no stress oxidativo da garoupa, *Epinephelus malabaricus*, alimentada com uma dieta rica em cobre (20 mg Cu/kg de dieta) durante 8 semanas. Verificaram que a suplementação com Se (1,6 mg/kg de dieta) reduziu este stress oxidativo e melhorou a resposta imunitária dos peixes.

1.4.1. Efeito da suplementação com selenoyeast no desempenho dos peixes

Abdel-Tawwab et al. (2007 b) alimentaram o peixe-gato africano, *Clarias gariepinus*, com dietas práticas contendo diferentes níveis de selenoyeast (OS) i.e. 0.0, 0.1, 0.3, e 0.5 g/kg de dieta durante 12 semanas. Verificaram que o desempenho dos peixes aumentou significativamente com o aumento dos níveis de OS nas dietas testadas e que o desempenho mais elevado foi obtido quando os peixes foram alimentados com 0,3 g de OS/kg de dieta (Quadro 2). Da mesma forma, o consumo de ração aumentou significativamente; entretanto, a FCR diminuiu significativamente com o aumento dos níveis de SO até 0,3 g/kg de dieta. Além disso, os valores de PER, APU e EU aumentaram significativamente quando os peixes foram alimentados com OS a uma taxa de 0,3 g/kg de dieta.

Tabela 2. Desempenho de crescimento e utilização de ração do peixe gato africano alimentado com diferentes níveis de OS durante 12 semanas (segundo Abdek-Tawwab et al., 2007 b).

Artigos	Níveis de SO (g kg de dieta)			
	0.0	0.1	0.3	0.5
Ganho de peso (g de peixe)$^{-1}$	46.810.32 c	49.511.13 ser	59.412.39 a	52.811.65 b
SGR (% dia)$^{-1}$	0.57810.003 c	0,603 1 0,012 ser	0.69210.021 a	0.63310.015 b
Taxa de sobrevivência (%)	100.010.0	97.212.8	100.010.0	97.212.8
Consumo de alimentos (gfeed fish")^{1}	160.111.9b	162.512.3 b	169.911.7 a	165.312.1 ab

FCR (g de ração g de ganho⁻¹)	3.4210.04 a	3.2810.03 ab	2.8610.12 c	3.1310.06 b
Rácio de eficiência proteica	1.0410.029 b	1.0910.032 b	1.2510.038 a	1.1510.035 ab
Utilização de proteínas (%)	16.0110.46 b	17.0910.50 b	20.4410.59 a	20.6810.61 a
Utilização de energia (%)	8.301 0.237 b	8.3610.240 b	9.5210.277 a	9.7410.283 a

As médias com a mesma letra na mesma linha não são significativamente diferentes a $P < 0,05$.

Noutro estudo, Abdel-Tawwab e Wafeek (2010) alimentaram tilápias do Nilo com uma dieta contendo 0,5 g de SO/kg de dieta (T1 - T3), enquanto três outros tratamentos (T4 - T6) foram alimentados com uma dieta básica sem SO durante 6 semanas. E todos os grupos de peixes foram expostos a 0,0, 1,116 ou 2,232 mg Cd/L durante o ensaio de alimentação. Verificaram que a suplementação com SO aumentou o crescimento, a sobrevivência e a utilização da ração dos peixes, enquanto a exposição ao Cd os reduziu (T1 vs. T4, T2 vs. T5, e T3 vs. T6). Assim, a suplementação com SO até 0,3 - 0,5 mg/kg melhorou o desempenho do crescimento e a utilização da ração dos peixes e a necessidade óptima de Se para o peixe-gato africano é de 3,67 mg Se/kg (Abdel-Tawwab et al., 2007 b) para a tilápia do Nilo é de 4,6 mg Se/kg (Ahmad et al., 2006). Estes requisitos são mais elevados do que os registados para a truta arco-íris (0,38 mg Se/kg; Hilton et al., 1980), o peixe-gato (0,25 mg Se/kg; Gatlin e Wilson, 1984) e a garoupa (0,77 mg Se/kg; Lin e Shiau, 2005). As formas de Se utilizadas em alguns estudos foram o selenito de sódio, enquanto Lin e Shiau (2005) utilizaram SeMet. As diferenças nos resultados dos SO podem ser atribuídas a diferenças nos peixes experimentais e/ou nas condições de criação. A concentração de Se na água de criação (água doce) dos estudos de Hilton et al. (1980) e Gatlin e Wilson (1984) variava entre 0,4 e 2,5 ,ug Se/L, ao passo que nos estudos de Abdel-Tawwab et al. (2007) e Lin e Shiau (2005) a concentração de Se na água doce de criação não era detetável.

O desempenho do crescimento dos peixes alimentados com 0,5 g de SO/kg foi inferior ao dos peixes alimentados com 0,3 g de SO/kg (Abdel-Tawwab et al. 2007 b). Estes resultados estão de acordo com Hamilton (2003) e Hamilton et al. (1990), que referiram que uma dieta de 4,6-6,5 mg/kg de Se causava efeitos adversos nos peixes. Por outro lado, Hilton et al. (1980) e Hilton e Hodson (1983) referiram que a toxicidade do Se variava entre 13 e 15 mg/kg para a truta arco-íris. A diferença entre as necessidades de Se e a sua gama de toxicidade pode dever-se à regulação da absorção de Se no intestino, que se pensa ser um aspeto importante da homeostasia animal (Underwood, 1977). A baixa retenção de minerais pelos peixes pode resultar quer de uma ingestão excessiva quer de uma baixa utilização do mineral per se. Assim, a excreção dos elementos pode ser reduzida quer através da diminuição da sua concentração na dieta quer através da utilização de fontes com maior disponibilidade.

1.4.2. Efeito da suplementação com selenogasto na composição corporal dos peixes

Abdel-Tawwab et al. (2007 b) não encontraram alterações significativas no teor de humidade entre os diferentes tratamentos com SO, mas a proteína bruta aumentou significativamente, enquanto os lípidos totais diminuíram significativamente com o aumento do nível de SO na dieta dos peixes (Quadro 3). O maior teor de proteína bruta foi obtido no grupo de peixes alimentados com 0,5 g de OS/kg de dieta, enquanto o menor foi obtido no grupo de controlo. O teor mais elevado de lípidos totais foi obtido no grupo de controlo, enquanto o mais baixo foi obtido no grupo de peixes alimentados com 0,5 g/OS/kg de dieta, respetivamente. Não foram observadas diferenças significativas no conteúdo total de cinzas entre os diferentes tratamentos, variando de 23,7 a 24,8%. Os resíduos de Se no corpo dos peixes aumentaram com o aumento dos níveis de SO nas dietas. O maior resíduo de Se foi obtido quando os peixes foram alimentados com 0,5 g de SO/kg de dieta, enquanto o menor foi obtido no grupo de controlo (Quadro 3).

Tabela 3. Análise química aproximada na base de matéria seca do peixe gato africano alimentado com diferentes níveis de OS durante 12 semanas (depois de Abdek-Tawwab et al., 2007 b).

bainhas	Níveis de SO (g kg de dieta)			
	0.0	0.1	0.3	0.5
Humidade (%)	75.410.44 a	76.110.42 a	76.311.13 a	75.111.6 1 a
Proteína bruta (%)	63.5 ±0.65 c	64.310.52 be	65.710.68 ab	66.110.5 8 a
Lípidos totais (%)	11.0±0.23 a	10.410.69 ab	10.110.53 b	9.810.38 b
Cinzas (%)	24.4±0.55 a	24.810.41 a	24.1±0.15a	23.710.6 7 a
Resíduo de Se (|igg~)	4.7210.17 d	7.6810.56 c	15.4311.57 b	21.8511.8 4 a

As médias com a mesma letra na mesma linha não são significativamente diferentes a $P < 0,05$.

A análise aproximada de todo o corpo do peixe gato africano no final do ensaio de alimentação indicou um declínio no conteúdo lipídico dos peixes alimentados com 0,5 g OS/kg (Abdel-Tawwab et al., 2007 b). Por outro lado, Abdel-Tawwab e Wafeek (2010) afirmaram que os constituintes do corpo do peixe, exceto o teor de humidade, foram significativamente afectados pela suplementação de SO, níveis de Cd e a sua interação ($P < 0,05$). A proteína bruta e os lípidos totais no corpo do peixe diminuíram, enquanto o teor total de cinzas e os resíduos de Cd aumentaram significativamente com o aumento dos níveis de Cd. Além disso, o SO reduziu significativamente os resíduos de Cd no corpo do peixe. De um modo geral, verificou-se uma relação inversa entre os teores de proteínas totais e de lípidos. Os teores de humidade e de cinzas não variaram consideravelmente. Para além disso, os resíduos de Se aumentaram significativamente com o aumento dos níveis de SO nas dietas. O aumento dos resíduos de Se deveu-se principalmente à suplementação diferencial da dieta e foi ainda aumentado com as diferenças no consumo de ração.

1.4.3. Efeito da suplementação com selenoieto na fisiologia dos peixes e na toxicidade de metais pesados

Abdel-Tawwab et al. (2007 b) descobriram que os parâmetros fisiológicos do peixe-gato africano alimentado com diferentes níveis de SO foram significativamente afectados pela suplementação com SO (Tabela 4). Os valores mais elevados de contagem de hemácias, Hb, Ht, glucose, lípidos totais ou ácido úrico foram obtidos quando os peixes foram alimentados com 0,3 ou 0,5 g de OS/kg sem diferenças significativas entre eles. Além disso, as proteínas totais, a albumina, a globulina, a AST, a ALT ou a GPX foram maximizadas quando os peixes foram alimentados com 0,5 g de SO/kg (Quadro 4). O grupo de controlo apresentou os valores mais baixos de todos os parâmetros medidos.

Tabela 4. Alterações nos glóbulos vermelhos (RBCs), hemoglobina (Hb), hematócrito (Ht), glicose, lípidos totais, proteína, ácido úrico, albumina, globulina, aspartato amninotransferase (AST), alanina aminotransferase (ALT) e glutationa peroxidase hepática (GPX) do peixe-gato africano alimentado com diferentes níveis de OS durante 12 semanas (após Abdek-Tawwab et al., 2007 b).

Artigos	Níveis de SO (g kg[1] dieta)			
	0.0	0.1	0.3	0.5
Hemácias (xlfiW)[3]	1.97±0.067 b	2.1510.108 ab	2.3010.116 a	2.3310.145 a
HhlmgL'[1])	83.310.88 b	85.U3.14b	86.313.18 ab	90.710.89 a
Ht (%)	30.0±0.46 c	34.210.85 b	37.410.93 a	37.611.24 a
Glicose (mg L")	305.2±3.4 c	384.713.2 b	450.113.4 a	461.712.2 a
Lípidos totais (g L"[1])	0.95±0.079 c	2.2710.123 b	3.3510.153 a	3.4710.115 a
Proteínas totais (g L'[1])	23.0±1.00d	37.3H.23c	46.711.00 b	60.711.22 a
Albumina (gif')	13.5±1.16 b	14.6H.63b	15.011.82 b	18.711.22 a
Globulina (g L)[-1]	9.5±0.58 d	22,711.15 c	31.711.22 b	42.011.16 a

Ácido úrico (mg L"')	22.713.28 c	26.910.88 b	31.711.45 a	34.015.8 a
AST(1U L"[1])	15.310.67 d	16.810.57 c	19.210.67 b	22.310.88 a
ALTflUL'[1])	14.010.58 d	15.910.63 c	18.510.76 b	22.310.88 a
GPX (|imol min'[1] mg'[1] protein)	3.2310.072 d	4.0510.294 c	5.1110.139b	6.2710.159 a

As médias com a mesma letra na mesma linha não são significativamente diferentes a $P < 0,05$.

O aumento da contagem de hemácias, Hb, Ht, glicose, lípidos totais e valores de proteínas totais devido ao aumento dos níveis de SO na dieta dos peixes até 0,3 g/kg pode dever-se à melhoria da saúde dos peixes. Os parâmetros de resposta imunitária não específica medidos no presente estudo, ou seja, as concentrações de albumina e globulina, são normalmente utilizados para avaliar o efeito dos nutrientes na imunidade dos peixes. A medição da globulina tem um valor de diagnóstico considerável em animais de laboratório, uma vez que está relacionada com o estado nutricional geral, a integridade do sistema vascular e a função hepática. Um baixo teor de albumina pode resultar de uma síntese deficiente, de perdas através da urina ou das fezes, ou de um aumento do catabolismo (Nguyen, 1999). O aumento da albumina e da globulina com o aumento do nível de SO na dieta dos peixes pode dever-se ao aumento da sua produção no fígado. Resultados semelhantes foram obtidos por Ahmad et al. (2006). Além disso, Abdel-Tawwab e Wafeek (2010) relataram que a suplementação com OS diminuiu a creatinina sérica, o ácido úrico, a aspartato aminotransferase (AST) e a alanina aminotransferase (ALT) para níveis inferiores aos dos tratamentos expostos ao Cd. Os lípidos séricos aumentaram, enquanto as proteínas diminuíram apenas nos grupos expostos ao Cd (T5 e T6). A atividade da glutationa peroxidase (GPX) aumentou significativamente com o aumento do nível de Cd e foi mais elevada em T1 vs. T4, T2 vs. T5, e T3 vs. T6. Pode concluir-se que a suplementação com SO pode reduzir o efeito nocivo do Cd transportado pela água nos peixes, o que, por sua vez, melhora o seu crescimento, sobrevivência e utilização dos alimentos.

Além disso, Abdel-Tawwab et al. (2007 b) verificaram que os peixes alimentados com dietas contendo SO apresentavam uma LC50 de 96 horas superior à do grupo de controlo (Figura 1). O valor mais elevado de CL50 a 96 horas (5,94 mg Cu/L) foi obtido quando os peixes foram alimentados com 0,3 g OS/kg, enquanto o valor mais baixo foi obtido no grupo de controlo (4,54 mg Cu/L).

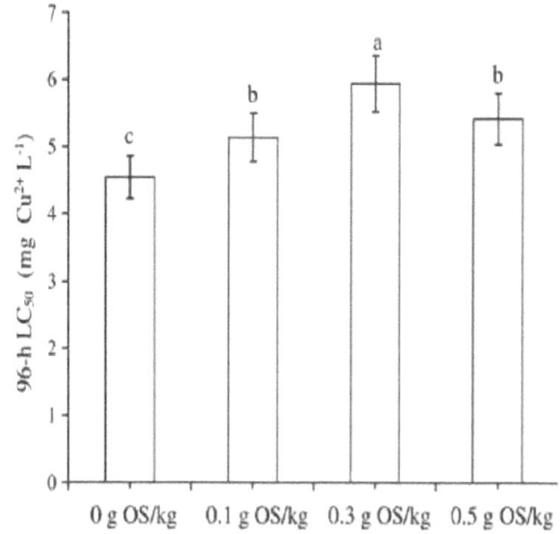

Figura 1. A 96-h LC50 (mg Cu/L) de peixe-gato africano alimentado com selénio orgânico durante 12 semanas e exposto ao cobre. As barras assinaladas com a mesma letra não diferem significativamente entre si a $P < 0{,}05$.

Verifica-se que os peixes alimentados com 0,3 g de SO/kg apresentaram um efeito protetor contra a toxicidade do Cu (Abdel-Tawwab et al., 2007 b) e contra a toxicidade do Cd (Abdel-Tawwab e Wafeek, 2010). A proteção do Se contra a toxicidade do metal foi feita através da formação de complexos Se- proteína metálica e seleneto-metal com redistribuição subsequente (Levander, 1986; Rana e Boora, 1992; Rana e Verma, 1997). Foi sugerido que um composto insolúvel Cu-Se pode ter sido formado no fígado após a absorção para posterior excreção através da bílis (Lorentzen et al., 1998). A este respeito, Lin e Shiau (2007) sugeriram que a suplementação dietética com Se previne a acumulação de Cu nos tecidos e os danos oxidativos na garoupa, *E. malabaricus*, alimentada com dietas que contêm níveis elevados de Cu.

Capítulo 2

2. Suplementação de probióticos para peixes

Os probióticos são microrganismos vivos adicionados à ração ou à água de cultivo que, quando administrados aos peixes em quantidades adequadas, conferem maior viabilidade, maior imunidade e maior resistência a doenças. Além disso, um possível papel dos probióticos no desempenho do crescimento dos peixes tem sido apoiado por estudos recentes que sugerem que a utilização de probióticos bacterianos em aquacultura é capaz de melhorar o crescimento através de uma modulação positiva do sistema do fator de crescimento semelhante à insulina, associada a uma diminuição geral da expressão do gene da miostatina e a níveis mais baixos de cortisol (Carnevali et al., 2006; Avella et al., 2010, 2011). Tal como descrito por Wache et al. (2006), a utilização de probióticos pode melhorar o desempenho em termos de crescimento, não só devido aos seus efeitos benéficos sobre os processos digestivos, mas também através da melhoria da tolerância ao stress (Rollo et al., 2006). No entanto, o stress crónico e agudo tem impactos negativos no sistema imunitário, aumentando a suscetibilidade dos peixes a doenças infecciosas

Em particular, os principais efeitos dos probióticos como aditivos alimentares são a melhoria da resistência à colonização por bactérias patogénicas e o reforço da imunidade da mucosa do hospedeiro, resultando assim numa carga patogénica reduzida, numa melhoria do estado de saúde dos animais e numa redução do risco de translocação de agentes patogénicos através do trato gastrointestinal (GI). No entanto, diferentes probióticos, aplicados como monoespécies ou multiespécies, podem elevar a atividade fagocítica, lisozimática, do complemento e da explosão respiratória, bem como a expressão de várias citocinas em peixes (Nayak, 2010; Merrifild et al., 2010 a; Dimitroglou et al., 2011). Do mesmo modo, os probióticos podem estimular o sistema imunitário gastrointestinal dos peixes com um aumento acentuado do número de células Ig^{+} intestinais, granulócitos acidófilos e células T (Picchietti et al., 2007; 2009). Numerosas investigações avaliaram a viabilidade e a eficácia da alimentação de peixes de água quente com bactérias potencialmente probióticas; as mais documentadas são as bactérias do ácido lático (LAB), *Bacillus* spp., leveduras e algas (Carnevali et al., 2014; Akhter et al., 2015; Dawood e Koshio, 2016). Mais recentemente, no entanto, a seleção, caraterização e aplicação de estirpes autóctones (bactérias isoladas dos peixes ou do seu ambiente de criação imediato) também estimularam muito interesse (Dimitroglou et al., 2011; Tapia-Panigua et al., 2012). De facto, numerosos estudos demonstraram que a aplicação de probióticos pode melhorar a conversão alimentar, as taxas de crescimento e o ganho de peso dos peixes, incluindo as carpas (Dhanaraj et al., 2010; Mohapatra et al., 2012; Wu et al., 2012; Huang et al., 2015; Allameh et al., 2016). Dawood e Koshio (2016) resumiram os estudos que utilizaram probióticos na aquicultura de carpas (Tabela 5).

Tabela 5. Estudos que utilizam probióticos na aquicultura da carpa (segundo Dawood e Koshio, 2016).

Espécie [peso, g)	Probiótico	Doses e duração da administração"	Resultados[111]	Referências
Carpa javanesa (4,5 ± 07 g)	*£ faecalis, Lfermentum* e *L mesenteroides*	10^7 CFUg- 'dieta-6 semanas	WC.FCRSGRPERLA B(l) GNB(f) CCH	Allamehet al. (2015)
Principais espécies de carpas indianas.	*B. circulons* PB7	2x ID^5 células 100 g^{-1}	WG, FCR. PER. CCCP. CCL,	Bandyopadhy ay e

catla (648 ±0,43 g)		alimentação - 60 dias	PA. FUR, PHI, LEU, ACT, ALP. GOT. GPT.DR(f) AMY(~)	Mohapatra (2009)
Carpa comum (50-60 g)	4. *veronii*, V. *lentus*, e E *sasangense*	1 x 10ˢ cell g^{-1} -28 dias	LZY. C3. TSP. ALB. GLB, RBS.PHA, BLEU. IL-1 b. TNF-a.DR(t)	Chief al. (2014)
Principais espécies de carpas indianas, a catla (25-30 gj	*B. amyloliquefaciens* FPTB16	1 x IO^7 ,1 x 10ˢ , e 1 x 10^9 -8 semanas	SOD, MPC. LZY. TSP. DR (f)	Das etal. (2013)
Carpa koi (0,26 g)	*L acidophilus* e/ou S. cerevisiae	10^6 CFUg$^-$ '-45 dias	WC.SGR.FCR.FI, NPU(t)	Dhanaraj et al. (2010)
Carpa comum (152,3 mg)	*Streptococcus faecium, L acidophilus* e 5. cerevisiae	0,1%-9 semanas	SUR. FNW, WG, SGR. PER. NPU. CCCP, CCL, CCA (1)	Faramatziet al. (2011)
Principais espécies de carpas indianas, rohu(60 g)	*L. plantarum* VSG3	10^G , 10ˢ , 10'° CFUg-'-60 dias	SCR, FCR. LZY. ACT, PHA. RBA SOD.igM.DR(r)	Ciri et al. (2013)
Carpa comum	*E. faecium* MC 13	60 dias	NBT.DR(t)	Copalakannan e Arul (2011)

Carpa comum (0,329 ±0,01 g)	**B. coqgutans (MTCC 9872), B. *licheniformis* (MTCC6824) e *Paenibacillus polymyxa* (MTCC 122)**	**10^9 CFUg⁻ '-80 dias**	**SUR FNW, SCR FCR. PER, LZY. RBA. MPC, DR (f)**	**Gupta etal. (2014)**
Carpa comum (52 ± 2 g)	***L rhamnosus* e *L sporogenes* (Sporolac)**		**WBC. TSP, RBA. DR (t) HEMÁCIAS. Hb(l) HCF,GLU,CHO(~)**	**Harikrishnan et al. (2010)**
Carpa Gibe! (7.55g)	**S. cerevisiae**	**1,5 x IO^{10} CFU-56 dias**	**FNW.WG, SGRFCR(t) LZY, C3 (")**	**He er al. (2011)**
Carpa comum	***S. cerevisiae* e/ou**	**IO^{10} CFU S. *cerevisiae* +**	**PIM. HSP7Expressão do gene (t)**	**Huangetal. (2015)**
(11.90 ± 0.13 g)	**B. amylotejrre/ticiens**	**1,2 x 10^{lo} CFU B. *amyloliquefaciens* - 8 semanas**	**FNW. WC. FCR SUR Fl (")**	
Espécie principal de carpa indiana, rohu Tamanho do ovo 38 dias (0,15 g) 68 dias (0,95 g)	**Lactobacillus (L *acidophilus; L bulgaricus; L casei; L plantanim)* ± *Bifidobacterium bifidum* + S. *cerevisiae* ± S. *faecium* ± levedura *Torulopsis* ± *Aspergillus oryzae***	**1.1.5, e 1 doses (g kg^{-1} dieta)**	**SUR FNW, SCR (f)**	**Jha etal. (2015)**

Principais espécies de carpas indianas, rohu (15 ± 2 g)	***B. subtilis***	**0,5 x 10^7 ,1 x 10^7 ,1,5 x IO^7 CFU g^{-1} - 2 semanas**	**RBA SBADR(f)**	**Kumar et al. (2008)**
Principais espécies de carpas indianas, rohu (15 ± 2 g)	***B. subtilis***	**0,5 x ID^7 ,1 xlO^7 ,1,5x10' CFU g^{-1} -2 semanas**	**SUR WC, LEU, Hb. TSP, GIB (f) ALP, AST, ALT (")**	**Kumar et al. (2006)**
Principais espécies de carpas indianas, rohu (6,0 ± 0,06 g)	***B. subtilis, Lactococcus lactis* e S. cerevisiae**	**60 dias**	WC,SCR,FCR.PER,ADC$_{DM}$, **ADC^ADC^PAU, CCCP. CCL THC(J)**	**Mohapatraer a! (2012)**
Principais espécies de carpas indianas, rohu (8,36 ±0,4 g)	**B. *subtilis, L lactis* e S. *cerevisiae***	**10" UFC kg^{-} '-30dias**	**WG. RBA GL U. TSP. ALB, ALP, ACP, MPC. HSP7Û. IMG(r)**	**Mohapatra et aL (2014)**
Principais espécies de carpas indianas, rohu (60 ± 0,19 g)	***B. subtilis***	**10^s CFUg^{-} '-60 dias**	**TSP. GLB, ANTI, DR (1)**	**Nayak et al. (2007)**
Carpa herbívora (2,10± 0,09 g)	***B. coagulons. Rhodopseudomonas palustris* e 1. *acidophilus***	**10^G CFUg^{-} '-60 dias**	**FNW.WG(t) PA CEL AMY (")**	**Wang (2011)**
Carpa herbívora (45 g)	***B. subtilis e B. licheniformis***	**lx 10^s CFUg^{-1} -4 semanas**	**CLB. IgM, LZY. C3, MPC, SOD. T-AOC, GSH(î)**	**Weifen et aL (2012)**

Carpa herbívora (35 g ± 5 g)	*S, xiamenensis* A-l.S. xiamenensis A-2, e A. veronii A-7	1 x 10^3 células g^{-1} - 28 dias	RBA PHA LZY, C3, TSP, ALB. GLB, expressão do gene DR de (1 L-8,1 L-1|4, LZY-C, TNF-ot) (î)	Wu etal. (2015)
Carpa herbívora (50 ± 2,5 g)	B. *subtilis* Ch9	1 x ID^9 ,3 x 10^9 e5 x IO^9 CFU kg^- '-56 dias	SGRFCR. PAAMY, U.THC(f)	Wu etal. (2012)
Carpa comum (5,9-7,1 g)	Bacillus sp.	10"°e 10" CFU g^{-1} -60 dias	FNW. WC, FCR PA AMY. U (î)	Yanbo e Zirong (2006)

[a] CFU: Unidade formadora de colónias.

[b] FNW: peso final, WG: ganho de peso, SGR: taxa de crescimento específico, FCR: rácio de conversão alimentar, PER: rácio de eficiência proteica, LAB: bactérias do ácido lático, GNB: bactérias gram negativas, CC: composição da carcaça, CCCP: composição da carcaça em proteína bruta, CCL: composição da carcaça em lípidos,
PA: atividade protease, AMY: atividade amilase, PHR: rácio fagocítico, PHI: índice fagocítico, LEU: valor leucocitário, DR: resistência à doença, LZY: atividade lisozima, C3: complemento C3, TSP: proteína sérica total, ALB: nível de albumina, GLB: nível de globulina, RBA: atividade de explosão respiratória, PHA: atividade fagocítica, BLEU: leucócito sanguíneo, 1 L-1b: expressão de 1 L-1b, LA-C: expressão da lisozima-C, TNF- a: expressão de TNF-a, ACP: fosfatase ácida, ALP: fosfatase alcalina, GOT: glutamato-oxaloacetato transaminase, GPT: glutamato piruvato transaminase, SOD: produção de aniões superóxidos, MPC: teor de mieloperoxidase, FI: consumo de ração, NPU: utilização líquida de proteínas, SUR: sobrevivência, CCA: composição da carcaça em cinzas, ACP: via alternativa do complemento, PHA: fagocitose, IgM: IgM sérica, NBT: ensaio de neutroblue tetrazolium, WBC: glóbulos brancos, RBC: glóbulos vermelhos, Hb: hemoglobina, HCT: hematócrito, GLU: glucose, CHO: colesterol, PIM: microvilosidades intestinais posteriores, HSP70: proteína de choque térmico, SBA: atividade bactericida sérica, AST: aspartato aminotransferase, ALT: alanina amino transferase, ADCDM: digestibilidade da matéria seca, ADCProteína: digestibilidade das proteínas, ADCLipídio: digestibilidade dos lípidos, LI: lipase, THC: bactérias heterotróficas totais, IMG: produção de imunoglobulinas, ANTI: nível de anticorpos, CEL: celulose, T-AOC: atividade antioxidante total e GSH: glutatião.

[c] Variação nos peixes tratados em comparação com os controlos: J, aumento significativo; j, diminuição significativa; e ^, sem alterações significativas.

II.1 . Suplementação de levedura *Saccharomyces cerevisiae*

A levedura de panificação, *S. cerevisiae*, é utilizada na indústria de panificação e contém vários compostos imunoestimulantes, tais como P-glucanos, ácidos nucleicos e mananoligossacáridos, e tem a capacidade de melhorar as respostas imunitárias (Siwicki et al, 1994; Anderson et al., 1995; Ortuno et al., 2002) bem como o crescimento de várias espécies de peixes (Oliva-Teles e Goncalves, 2001; Lara-Flores et al., 2003; Li e Gatlin, 2003, 2004, 2005). No entanto, a administração de levedura tem sido reconhecida como tendo efeitos importantes na função imunoestimulante (Sakai, 1999). A levedura de cerveja tem sido reconhecida como um potencial substituto do alimento vivo na produção de certos peixes (Nayar et al., 1998) ou como um potencial substituto da farinha de peixe (Oliva- Teles e Gonçalves, 2001).

II.1.1 . Efeito da suplementação com levedura no desempenho dos peixes

Abdel-Tawwab et al. (2008) alimentaram tilápias do Nilo com dietas práticas contendo 0.0, 0.25, 0.50, 1.0, 2.0, ou 5.0 g de levedura/kg de dieta durante 12 semanas. Verificaram que o crescimento dos peixes aumentou significativamente com o aumento dos níveis de levedura e que o crescimento ótimo foi obtido com 1,0 - 5,0 g de levedura/kg de dieta, enquanto que a dieta de controlo produziu o menor crescimento dos peixes (Quadro 6). Para além disso, os peixes alimentados com dietas contendo 1,0 g de levedura/kg consumiram mais do que os outros tratamentos, enquanto que a FCR mais baixa foi obtida com 5,0 g de levedura/kg de dieta. Os peixes alimentados com a dieta de controlo consumiram menos ração, dando uma maior TCA. Para além disso, a suplementação com levedura melhorou a utilização dos nutrientes; no entanto, os peixes alimentados com 1,0-5,0 g de levedura/kg de dieta produziram maior PER, APU e EU (Quadro 6).

A suplementação de levedura viva, *S. cerevisiae*, melhorou o crescimento e a utilização dos alimentos da tilápia do Nilo. Da mesma forma, Noh et al. (1994) e Lara-Flores et al. (2003) relataram que a inclusão de levedura, *S. cerevisiae* em dietas para peixes melhorou o desempenho da carpa comum e da tilápia do Nilo, respetivamente. Abdel-Tawwab et al. (2010 a) utilizaram levedura viva, *S. cerevisiae* em dietas para peixes e encontraram resultados semelhantes com a tilápia da Galileia, *Sarotherodon galilaeus* (L.). Além disso, a administração dietética de levedura viva, *Debaryomyces hansenii*, a ca. 10^6 CFU/g , a larvas de robalo acelerou a maturação do trato digestivo (50 mg versus 25 mg) (Tovar et al., 2002) e induziu um aumento significativo do peso corporal, duas vezes superior ao do grupo de controlo, aos 48 dph (Tovar-Ramirez et al., 2004).

A melhoria do crescimento dos peixes e da utilização da ração devido à suplementação com levedura pode possivelmente dever-se à melhoria da digestibilidade dos nutrientes. Por exemplo, concomitantemente com um desempenho de crescimento elevado, foram observadas actividades elevadas de amilase, protease e lipase em tilápias alimentadas com *B. subtilis* e/ou *Lb. plantarum* e uma atividade elevada de protease em tilápias alimentadas com *S. cerevisiae* (Essa et al., 2010). Outros mecanismos potenciais incluem a melhoria da composição ou da atividade da microbiota e podem potencialmente incluir uma atividade endocítica intestinal elevada ou uma morfologia intestinal melhorada, tal como relatado com aplicações probióticas noutras espécies de peixes (Saenz de Rodriganez et al., 2009; Merrifild et al., 2010 b; Pirarat et al., 2006, 2011).

Para além disso, Tovar et al. (2002), Lara-Flores et al. (2003), Wache et al. (2006), e Abdel-Tawwab (2012 a) descobriram que a adição de leveduras vivas melhorou a digestibilidade da dieta e das proteínas, o que pode, por sua vez, explicar o melhor crescimento e eficiência alimentar observados com suplementos de leveduras. Abdel-Tawwab (2012 a) afirmou que a suplementação de levedura viva, *S. cerevisiae*, aos peixes melhorou a utilização da proteína da dieta e pode reduzir as suas necessidades proteicas. Além disso, De Schrijver e Ollevier (2000) relataram um efeito positivo na digestão aparente de proteínas ao suplementar as rações de pregado (*Scophthalmus maximus*) com a bactéria *Vibrio proteolyticus*. Além disso, as leveduras podem sintetizar e segregar diferentes moléculas de poliaminas (Buts et al., 1994) que têm um forte potencial de adesão ao muco intestinal dos peixes (Andlid et al., 1995; Vazquez-Juarez et al., 1997).

Tabela 6. Desempenho de crescimento e utilização de alimentos de alevins de tilápia do Nilo alimentados com uma dieta contendo diferentes níveis de levedura viva durante 12 semanas (após Abdel-Tawwab et al., 2008).

Artigos	Níveis de levedura (g/kg de dieta)					
	Controlo (0,0)	0.25	0.5	1.0	2.0	5.0
Peso inicial (g)	0.33 ±0.088	0.34 ±0.033	0.34 ±0.033	0.33 ±0.088	0.33 ±0.012	0.32 ±0.058

SGR (%g/dia)	3.673 c ±0.015	3,760 bc ±0,019	3.832 b ±0.023	4.049 a ±0.011	4.067 a ±0.030	4.098 a ±0.054
Consumo de ração (g de ração/peixe)	11.9 d ±0.38	12,3 cd ±0,45	12.7 c ±0.44	14.2 a ±0.68	13,6 ab ±0,32	13,0 bc ±0,71
FCR	1.72 a ±0.028	1,61 ab ±0,073	1.55 b ±0.052	1.48 c ±0.034	1,39 cd ±0,045	1.35 d ±0.032
PER	1.35 d ±0.029	1.45 c ±0.069	1.49 c ±0.026	1,57 bc ±0,057	1,66 ab ±0,085	1.73 ±0.038 a
PU (%)	19.94 d ±0.39	21.36 c ±1.01	21.39 c ±0.31	23.26 b ±0.74	24,47 ab ±0,63	25.81 a ±0.46
UE (%)	18.82 c ±0.46	18.21 c ±0.97	19,92 bc ±0,38	21,53 ab ±1,20	21,97 ab ±1,63	23.11 a ±0.59
Sobrevivência dos peixes (%)	96.7 ±1.7	95.0 ±2.9	100.0 ±0.0	95.0 ±2.9	100.0 ±0.0	96.7 ±1.7

As médias com a mesma letra na mesma linha não são significativamente diferentes a $P < 0,05$.

Por outro lado, vários estudos não encontraram nenhuma diferença no desempenho do crescimento da tilápia com aplicações de probióticos (Shelby et al., 2006, 2007; Ferguson et al., 2010; Liu et al., 2013; Standen et al., 2013) ou até mesmo diminuição do crescimento (Abd El- Rhman et al., 2009). Estes estudos sublinham a importância de selecionar o probiótico adequado e a dosagem óptima. Deve notar-se que o desempenho do crescimento em linha com o do grupo de controlo, ou seja, sem melhorias no desempenho do crescimento, deve ser considerado positivo se forem alcançados outros benefícios, tais como respostas imunitárias elevadas e resistência a doenças.

II.1.2 . Efeito da suplementação com levedura na composição corporal dos peixes

Abdel Tawwab et al. (2008) verificaram que a suplementação com levedura afectou significativamente a composição corporal do peixe inteiro, exceto o teor de humidade, que não foi significativamente afetado pela dieta (Quadro 7). No entanto, os peixes alimentados com uma dieta sem levedura apresentaram o menor teor de proteínas, entretanto, a suplementação com levedura melhorou o teor de proteínas sem diferença significativa entre eles ($P > 0,05$). Verifica-se que os peixes alimentados com 2,0-5,0 g de levedura/kg de dieta apresentaram os mais baixos teores de lípidos e os mais altos teores de cinzas, enquanto que os mais baixos foram obtidos nos peixes alimentados com a dieta de controlo ($P < 0,05$; Quadro 7).

Tabela 7. Análise química aproximada (%; com base na matéria seca) do corpo inteiro de alevins de tilápia do Nilo alimentados com uma dieta contendo diferentes níveis de levedura viva durante 12 semanas (após Abdel-Tawwab et al., 2008).

Itens _	Níveis de levedura (g/kg de dieta)					
	Controlo (0,0)	0.25	0.5	1.0	2.0	5.0
Humidade	73.8	74.4	74.7	74.2	74.6	74.3
	±0.42	±0.50	±0.41	±0.71	±0.49	±0.49
Proteína bruta	55.2 b	56.1 ab	56,4 ab	57.2 a	57.6 a	57.7 a
	±2.28	±1.37	±0.69	±0.61	±1.65	±1.19
Lípidos totais	26.1 a	25.1 a	25.3 a	25.5 a	23.8 b	23.9 b
	±1.32	±0.75	±1.08	±0.67	±0.83	±0.58
Cinzas totais	11.9 c	12.1 a.C.	12.6 b	13.0 ab	13.6 ab	14.4 a
	±0.22	±0.28	±0.40	±1.09	±0.34	±0.34

As médias com a mesma letra na mesma linha não são significativamente diferentes a $P < 0,05$.

Estes resultados sugerem que a suplementação com levedura desempenhou de facto um papel no aumento do consumo de ração com um subsequente aumento da composição corporal dos peixes. O melhor consumo de ração nas dietas suplementadas com levedura (1,0 - 5,0 mg/kg de dieta) pode ter sido devido ao aumento do apetite dos peixes, resultando num maior consumo de ração e, portanto, num melhor crescimento. Além disso, devido ao elevado consumo de ração, à utilização dos nutrientes e à elevada digestibilidade dos mesmos, os nutrientes depositados aumentaram. Por outro lado, as alterações nos teores de proteínas e lípidos no corpo dos peixes podem estar relacionadas com alterações na sua síntese, na taxa de deposição no músculo e/ou na taxa de crescimento (Smith, 1981; Fauconneau, 1985; Soivio et al., 1989; Abdel-Tawwab et al., 2006).

II.1.3 . Efeito da suplementação com levedura na fisiologia dos peixes

Abdel-Tawwab et al. (2008) observaram que os peixes alimentados com dietas contendo 1,0 - 5,0 g de levedura/kg de dieta exibiram valores mais elevados de hemácias, Hb e Ht, enquanto os valores de glicose, lípidos, proteína, albumina e globulina aumentaram até 1,0 g de levedura/kg de dieta, após o que esses parâmetros diminuíram ($P < 0,05$; Tabela 8). Abdel-Tawwab et al. (2010 a) a suplementação de levedura à tilápia da Galileia melhorou a glicose sérica, os lípidos e as proteínas aumentaram; entretanto, não foram observados efeitos dietéticos significativos na AST, ALT e creatinina devido à suplementação de levedura. Em estudos semelhantes, Carver e Walker (1995) referiram que a levedura alimentar podia influenciar os níveis de vários lípidos e/ou ácidos gordos em certos tecidos como os eritrócitos, o plasma, o fígado ou o cérebro. Por outro lado, as diferenças não significativas na creatinina, AST e ALT sugerem que a suplementação com levedura não teve efeitos tóxicos.

Tabela 8. Alterações hematológicas e bioquímicas de alevins de tilápia do Nilo alimentados com uma dieta contendo diferentes níveis de levedura viva durante 12 semanas (segundo Abdel-Tawwab et al., 2008).

Artigos	Níveis de levedura (g/kg de dieta)					
	Controlo (0,0)	0.25	0.5	1.0	2.0	5.0
Hemácias ($x0^6$ /pL)	1.74 b ±0.138	1.81 b ±0.087	1.59 b ±0.045	2.54 a ±0.142	2.58 a ±0.170	2.41 a ±0.058
Hb (g/L)	50.3 b ±2.93	54.3 b ±2.89	48.0 b ±3.21	75.0 a ±4.07	77.8 a ±3.05	84.3 a ±4.88
Ht (%)	12.67 b ±0.917	13.43 b ±0.921	12.23 b ±0.984	16.90 a ±0.322	16.70 a ±0.153	16.87 a ±0.406
Glicose (mg/L)	122.0 d ±9.8	196.3 c ±9.8	231.7 b ±16.3	299.0 a ±18.8	241.7 b ±11.7	258.0 b ±11.1

Lípidos totais (g/L)	5.97 d ±0.09	7.45 c ±0.31	7.84 c ±0.98	14.51 a ±1.37	12.21 b ±0.31	11.83 b ±0.22
Proteína total (g/L)	36.1 d ±0.9	47.0 c ±0.9	58,7 ab ±2,1	66.1 a ±5.1	56.2 b ±1.2	55.1 b ±2.3
Albumina (g/L)	16.2 c ±0.9	16.8 c ±0.8	17,3 bc ±0,9	19.7 a ±0.8	18,7 ab ±1,5	18,6 ab ±0,5
Globulina (g/L)	19.9 d ±2.3	30.2 c ±0.7	41,4 ab ±2,1	46.4 a ±4.5	37.5 b ±2.6	36.5 b ±3.1

As médias com a mesma letra na mesma linha não são significativamente diferentes a $P < 0,05$.

II.1.4 . Efeito da suplementação com levedura no desafio bacteriano patogénico

Abdel-Tawwab et al. (2008) verificaram que a mortalidade dos peixes após a injeção IP com bactérias patogénicas, *A. hydrophila*, aumentou significativamente ($P < 0,05$) com o aumento do tempo e a taxa máxima de mortalidade foi obtida 4 dias após a injeção da bactéria, após o que não foi observada qualquer mortalidade (Figura 2). Além disso, a mortalidade total dos peixes 10 dias após a injeção de *A. hydrophila* diminuiu significativamente ($P < 0,05$) com o aumento da suplementação de levedura. Também relataram que a contagem bacteriana após a incubação com soros de peixe diminuiu com o aumento do nível de levedura nas dietas dos peixes. A contagem bacteriana mais baixa foi obtida em peixes alimentados com 5,0 g de levedura/kg, enquanto que a mais alta foi obtida quando os peixes foram alimentados com a dieta de controlo (Figura 3).

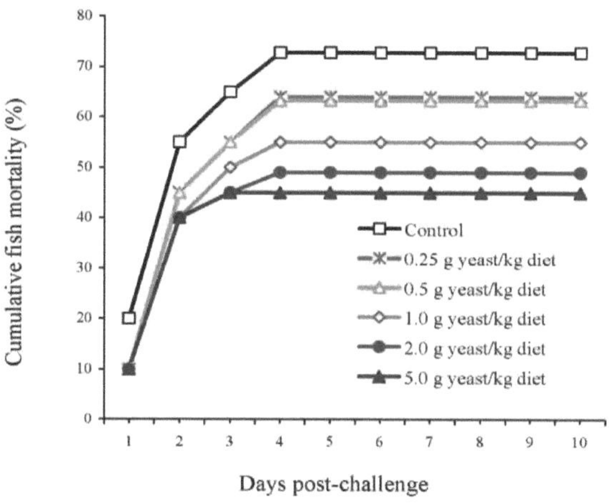

Figura 2. A mortalidade cumulativa (%) de alevins de tilápia do Nilo alimentados com uma dieta com diferentes níveis de levedura viva, *S. cerevisiae* durante 12 semanas e desafiados por *A. hydrophila* patogénica durante 10 dias (após Abdel-Tawab et al., 2008).

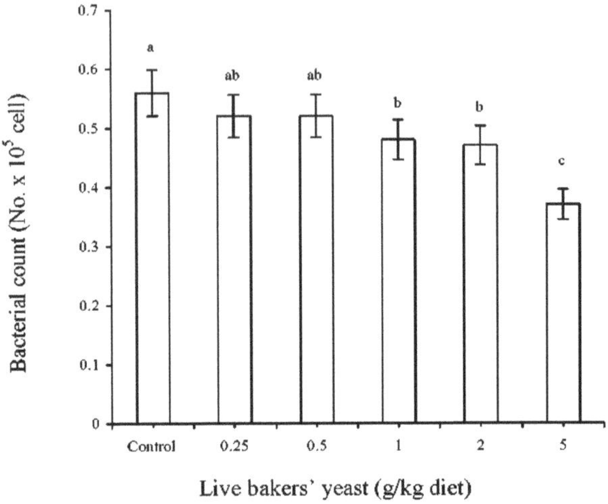

Figura 3. Contagens de *A. hydrophila* 24 h após incubação com soro de tilápia do Nilo alimentada com uma dieta com diferentes níveis de levedura viva, *S. cerevisiae* durante 12 semanas. As barras assinaladas com a mesma letra não diferem significativamente entre si a $P < 0,05$ (segundo Abdel-Tawwab et al., 2008).

Verifica-se que a suplementação com levedura pode aumentar o sistema imunitário não específico dos peixes, resultando numa resistência dos peixes à infeção por *A. hydrophilla*. Da mesma forma, Taoka et al. (2006 b) investigaram o efeito de células probióticas vivas e mortas no sistema imunitário não específico da tilápia do Nilo e verificaram que o tratamento com probióticos melhorou os parâmetros imunitários não específicos, tais como a atividade da lisozima, a migração de neutrófilos e a atividade bactericida plasmática, resultando numa melhoria da resistência dos peixes à infeção por *Edwardsiella tarda*. Neste contexto, a levedura de padeiro é uma fonte de ácidos nucleicos e P-1,3-glucanos, que foram reconhecidos por melhorarem eficazmente as funções imunitárias do peixe-gato africano (Yoshida et al., 1995), do salmão do Atlântico (Engstad et al., 1992), da truta arco-íris (J0rgensen et al., 1993; Siwicki et al., 1994) e do camarão *Penaeus monodon* (Thanardkit et al., 2002). Além disso, Sakai et al. (2001) referiram que os nucleótidos do ARN da levedura de cerveja eram capazes de aumentar as actividades fagocíticas e oxidativas das células fagocíticas renais, a lisozima sérica da carpa comum, bem como a resistência à *A. hydrophila.*

A suplementação de doses mais elevadas de levedura durante um período mais longo pode resultar em imunossupressão devido à sobreactivação do sistema imunitário e a uma condição semelhante à "fadiga imunitária" (Chang et al., 2000). Ao contrário de muitos quimioterapêuticos, os imunoestimulantes não apresentam uma relação linear dose-efeito (Bliznakov e Adler, 1972). A este respeito, Chang et al. (2000) verificaram uma redução da imunidade em *P. monodon* após alimentação contínua com glucano numa concentração de 2 g/kg de ração durante 40 dias. Sajeevan et al. (2006 e 2009) encontraram um índice de imunidade reduzido no camarão *Fenneropenaeus indicus* alimentado com uma overdose de levedura e glucano, respetivamente.

2.1.1. Efeito da suplementação com levedura na toxicidade dos metais pesados nos peixes

Abdel-Tawwab et al. (2010 a) afirmaram que os peixes alimentados com dietas enriquecidas com leveduras e posteriormente expostos a Cu de origem aquática, poderiam recuperar o efeito tóxico do Cu após 2 - 8 dias, no entanto, não foram observadas diferenças significativas nas variáveis bioquímicas entre os diferentes tratamentos. Nos tratamentos expostos ao Cu, as proteínas séricas totais necessitaram de mais tempo para recuperar e aproximaram-se do grupo de controlo no dia 8th . Do mesmo modo, os níveis de creatinina sérica, AST e ALT aumentaram significativamente após a exposição ao Cu e diminuíram com o tempo, aproximando-se dos níveis do grupo de controlo no 8th dia. Por outro lado, os peixes alimentados com uma dieta suplementada com levedura apresentaram valores mais baixos de creatinina, AST e ALT do que os alimentados com a dieta de controlo. Abdel-Tawwab et al. (2010 a) também descobriram que os resíduos de Cu no corpo inteiro dos peixes alimentados com as dietas de controlo (T1 e T4) eram aproximadamente os mesmos durante o período de 8 dias ($P > 0,05$), e os seus valores eram significativamente mais baixos do que os dos peixes alimentados com dietas enriquecidas com levedura ($P < 0,05$; Figura 4). Eles também relataram que nos grupos expostos ao Cu, o resíduo de Cu diminuiu com o tempo e os níveis mais baixos foram obtidos após o dia 8th . É também notado que os grupos suplementados com levedura (T5 e T6) absorveram menos Cu do que os outros grupos (T2 e T3).

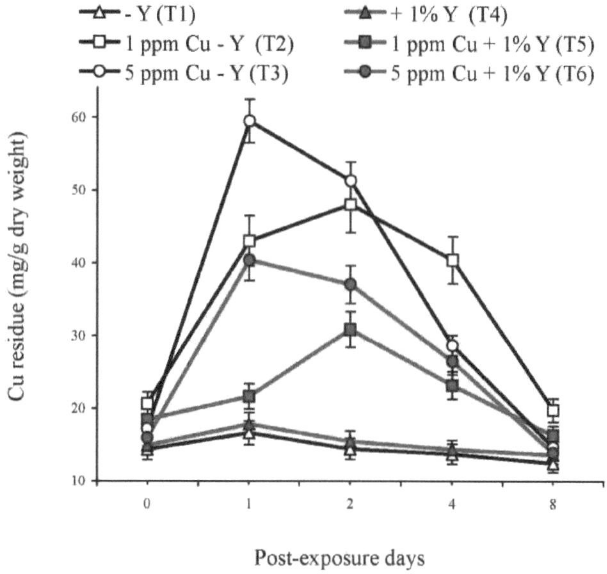

Figura 4. Alterações nos resíduos de Cu (mg/g de peso seco) da tilápia da Galileia alimentada com diferentes níveis de levedura de padeiro viva durante 6 semanas e pós-exposta a diferentes níveis de Cu (segundo Abdel-Tawwab et al. 2010 a).

A capacidade dos peixes para reagir rapidamente ao Cu e restabelecer o seu controlo fisiológico (homeostase) foi anteriormente demonstrada na truta arco-íris (Lauren e McDonald, 1987; Grosell et al., 1997) e na carpa comum (Peyghan et al., 2003). Por outro lado, os peixes alimentados com suplemento de levedura podiam tolerar a toxicidade do Cu, independentemente da sua concentração. O suplemento probiótico aumentou a excreção do muco da pele dos peixes, que tem um importante papel de defesa na redução da entrada de Cu no sangue dos peixes. De forma semelhante, Taoka et al. (2006 a) verificaram que a solha-das-pedras japonesa, *P. olivaceus*, alimentada com probiótico, podia tolerar a exposição ao ar e ao calor e que *o Vibrio anguillarum* resultava numa sobrevivência significativamente mais elevada nos grupos tratados com probióticos do que no grupo de controlo. Reyes-Becerril et al. (2008) investigaram os efeitos da ingestão alimentar de levedura viva *Debaryomyces hansenii* (CBS 8339) durante 4 semanas na resposta imunitária de juvenis de garoupa-leopardo, *Mycteroperca rosacea,* e na sua resistência à infeção por dinoflagelados *Amyloodinium ocellatum.* Verificaram que a taxa de mortalidade cumulativa dos peixes do grupo de controlo era superior à do grupo alimentado com levedura viva e que apenas os peixes alimentados com uma dieta suplementada com levedura recuperaram da infeção por *A. ocellatum.* Os seus resultados sugerem que a dieta enriquecida com levedura conferia proteção contra o parasita.

2.2. Suplementação de spirulina (*Arthrospira platensis*) para peixes

A espirulina, *Arthrospir platensis*, é uma alga filamentosa verde-azulada de água doce que contém proteínas (60-70%), vitaminas, minerais e ácidos gordos essenciais como o ácido palmítico, o ácido linolénico e o ácido linoleico. Por isso, tem sido utilizada como nutriente para larvas de peixe (Lu et al., 2002; Lu e Takeuchi, 2004) e como ingrediente na dieta de peixes juvenis e adultos (Nandeesha et al., 1998, 2001; Takeuchi et al., 2002; Palmegiano et al., 2005; Palmegiano et al., 2008). Além disso, a spirulina tem recebido cada vez mais atenção, principalmente pelos seus componentes bioactivos com atividade antioxidante (Cohen e Vonshak, 1991; Mahajan e Kamat, 1995; Bhat e Madyastha, 2000; Madhava et al., 2000; Lin et al., 2007; Wang et al., 2007). Bermejo et al. (2008) referiram que a maior parte das capacidades antioxidantes do extrato proteico de espirulina é atribuível às biliproteínas contidas nesta microalga, como a ficocianina, e sugeriram que a espirulina poderia ser utilizada para produzir um suplemento antioxidante dietético natural ou adicionada a produtos alimentares saudáveis, como cereais, barras de fruta ou bebidas, para prevenir algumas doenças crónicas em que os radicais livres estão envolvidos.

2.2.1. Efeito da suplementação com spirulina no desempenho dos peixes

Abdel-Tawwab e Ahmad (2009 b) alimentaram tilápias do Nilo com dietas contendo 0,0, 1,25, 2,5, 5,0, 7,5 ou 10,0 g de espirulina/kg de dieta durante 12 semanas. Verificaram que o desempenho dos peixes aumentou significativamente ($P < 0,05$) com o aumento dos níveis de espirulina em relação à dieta de controlo e o crescimento ótimo foi obtido com 5,0 g de espirulina/kg de dieta (Quadro 9). Além disso, os peixes alimentados com dietas contendo 5,0 g de spirulina/kg consumiram mais ração do que os outros tratamentos, dando a menor FCR, enquanto os peixes alimentados com a dieta de controlo consumiram menos ração, dando uma FCR mais elevada. Por outro lado, a suplementação com spirulina melhorou a utilização dos nutrientes, no entanto, os peixes alimentados com uma dieta de 5,0 g de spirulina/kg produziram os maiores PER, APU e EU (Quadro 9).

A melhoria do crescimento dos peixes quando suplementados com spirulina viva pode possivelmente dever-se à melhoria do consumo de ração e da digestibilidade dos nutrientes. A melhor utilização da ração em dietas enriquecidas com spirulina pode ter sido devida ao aumento do apetite dos peixes, resultando num maior consumo de ração e num melhor crescimento. Por outro lado, a spirulina contém vários nutrientes, especialmente vitaminas e minerais, que podem ajudar a promover o crescimento.

Do mesmo modo, Belay et al. (1996), Hayashi et al. (1998) e Hirahashi et al. (2002) referiram que a alimentação de peixes e aves com espirulina melhorava as taxas de sobrevivência e crescimento. *A* este respeito, Watanabe et al. (1990) mencionaram que a ração suplementada com spirulina em pó melhorou o valor da FCR e o crescimento do jack listrado, *Pseudocaranx dentex*. Foram obtidos resultados semelhantes quando se adicionaram leveduras à dieta dos peixes (Tovar et al., 2002; Lara-Flores et al., 2003; Wache et al., 2006; Abdel-Tawwab et al., 2008, 2010 a).

Tabela 9. Desempenho em termos de crescimento e utilização dos alimentos da tilápia do Nilo alimentada com dietas práticas contendo diferentes níveis de espirulina durante 12 semanas (segundo Abdel-Tawwab e Ahmad, 2009 b).

Artigos	Níveis de espirulina (g/kg de dieta)					
	Controlo (0,0)	1.25	2.5	5.0	7.5	10.0
Peso inicial (g)	1.87 ± 0.015	1.89 ± 0.010	1.89 ± 0.023	1.88 ± 0.024	1.88 ± 0.019	1.89 ± 0.023

Peso final (g)	14.12 c ± 0.62	14,81 bc ± 0,27	15.27 b ± 0.23	16.93 a ± 0.16	14.68 c ± 0.43	14.63 c ± 0.81
SGR (%g/dia)	2.41 c ± 0.047	2,45 bc ± 0,026	2.49 b ± 0.028	2.62 a ± 0.013	2,45 bc ± 0,047	2.44 a.C. ± 0.050
Consumo de ração (g de ração/peixe)	17,5 ab ± 0,84	17,5 ab ± 0,54	18.2 a ± 0.74	18.4 a ± 0.15	16,9 bc ± 0,41	16,8 bc ± 0,54
FCR	1.43 a ± 0.135	1.35 b ± 0.044	1.36 b ± 0.040	1.22 c ± 0.020	1.32 b ± 0.015	1.32 b ± 0.039
PER	2.49 c ± 0.081	2.63 a.C. ± 0.087	2,62 bc ± 0,087	2.91 a ± 0.082	2.69 b ± 0.078	2.69 b ± 0.078
APU (%)	44.42 c ± 1.11	47.13 b ± 1.39	47.53 b ± 1.12	52.49 a ± 1.32	48.51 b ± 1.19	47.87 b ± 1.10
UE (%)	29.20 c ± 0.76	29,98 bc ± 0,67	30,44 bc ± 0,71	34.03 a ± 0.88	31.85 b ± 1.25	31.81 b ± 0.77
Sobrevivência dos peixes (%)	95.6 ± 2.2	95.6 ± 2.2	93.3 ± 3.8	95.6 ± 2.2	93.3 ± 3.8	95.6 ± 2.2

A mesma letra na mesma linha não é significativamente diferente a $P < 0,05$.

2.2.2. Efeito da suplementação com spirulina na composição corporal dos peixes

Abdel-Tawwab e Ahmad (2009 b) verificaram que a suplementação com espirulina não teve qualquer efeito significativo na composição corporal total da tilápia do Nilo, exceto no que se refere aos teores de proteínas e lípidos, que foram significativamente afectados (Quadro 10). Por outro lado, os peixes alimentados com dietas enriquecidas com spirulina exibiram os conteúdos de proteína mais elevados do que os alimentados com a dieta de controlo ($P < 0,05$). Apenas os peixes alimentados com dietas contendo 2,5 - 10,0 g de spirulina/kg não apresentaram diferenças significativas no conteúdo de lípidos nos seus corpos ($P > 0,05$; Tabela 10). O melhor consumo de ração nas dietas enriquecidas com spirulina pode ter sido devido ao aumento do apetite dos peixes, resultando num maior consumo de ração e num melhor crescimento. Por outro lado, as alterações nos teores de proteínas e lípidos no corpo dos peixes podem estar relacionadas com alterações na sua síntese, na taxa de deposição no músculo e/ou em diferentes taxas de crescimento (Smith, 1981; Fauconneau, 1985; Soivio et al., 1989; Abdel-Tawwab et al., 2006).

Tabela 10. Análise química aproximada (% peso húmido) do corpo inteiro da tilápia do Nilo alimentada com dietas práticas contendo diferentes níveis de spirulina durante 12 semanas (segundo Abdel-Tawwab e Ahmad, 2009 b).

Itens (%)	Níveis de espirulina (g/kg de dieta)					
	Controlo (0,0)	1.25	2.5	5.0	7.5	10.0
Humidade	72.5 ± 0.27	72.9 ± 0.31	72.5 ± 0.37	72.5 ± 0.56	72.3 ± 0.33	72.4 ± 0.19
Proteína bruta	16.6 b ± 0.29	17.2 a ± 0.18	17.2 a ± 0.24	17.3 a ± 0.32	17.2 a ± 0.19	17.1 a ± 0.21
Lípidos totais	6.2 b ± 0.052	6.5 b ± 0.079	6.9 a ± 0.082	7.0 a ± 0.070	7.1 a ± 0.062	7.0 a ± 0.058
Cinzas totais	3.2 ± 0.030	3.2 ± 0.044	3.3 ± 0.052	3.2 ± 0.084	3.3 ± 0.022	3.3 ± 0.072

A mesma letra na mesma linha não é significativamente diferente a $P < 0,05$.

2.2.3. Efeito da suplementação com spirulina na fisiologia dos peixes

Abdel-Tawwab e Ahmad (2009 b) relataram que os peixes alimentados com dietas contendo 2,5 - 10,0 g de spirulina/kg de dieta exibiram contagens semelhantes de hemácias e leucócitos e as suas contagens mais baixas foram obtidas nos peixes alimentados com a dieta de controlo. Além disso, não foram observadas alterações significativas nos linfócitos com 2,5 - 10,0 g de spirulina/kg de dieta ($P < 0,05$), enquanto que a mais baixa foi observada na dieta de controlo. Pelo contrário, a dieta de controlo produziu mais monócitos e granulócitos, que diminuíram com o aumento do nível de Spirulina na dieta dos peixes ($P < 0,05$; Tabela 11). Verifica-se também que os valores séricos de glicose, lípidos, proteínas, albumina e globulina aumentaram com o aumento dos níveis de suplementação de spirulina e os valores mais elevados foram obtidos com 5,0 - 10,0 g de spirulina/kg de dieta sem diferença significativa entre eles (Tabela 11). Os valores mais baixos dos parâmetros acima referidos foram obtidos com a dieta de controlo. Estes resultados sugerem a melhoria da saúde dos peixes quando alimentados com dietas enriquecidas com spirulina. Foram obtidos resultados semelhantes quando foram adicionadas leveduras à dieta dos peixes (Abdel-Tawwab et al., 2008, 2010 a, Abdel-Tawwab, 2012 a).

Tabela 11. Alterações hematológicas e bioquímicas da tilápia do Nilo alimentada com dietas práticas contendo diferentes níveis de spirulina durante 12 semanas (segundo Abdel-Tawwab e Ahmad, 2009 b).

Artigos	Níveis de espirulina (g/kg de dieta)					
	Controlo (0,0)	1.25	2.5	5.0	7.5	10.0
Glóbulos vermelhos (x10^6 Lil.-')	1.87 b ± 0.087	1.92 b ± 0.079	2,07 ab ± 0,127	2.37 ± 0.153 a	2.48 ± 0.158 a	2.54 ± 0.127 a
Glóbulos brancos (x10^6 Lil.-')	3.13 b ± 0.124	3.21 b ± 0.133	3,29 ab ± 0,176	3.74 a ± 0.098	3.97 a ± 0.127	4.02 a ± 0.133
Linfócitos (%)	84.4 c ± 0.29	88,1 bc ± 2,59	93,2 ab ± 2,71	94,1 ab ± 2,71	94,1 ab ± 2,71	96.4 a ± 1.62
Monócitos (%)	9.2 a ± 0.29	8.1 a ± 0.29	5.0 b ± 0.17	4.6 b ± 0.15	4.6 b ± 0.15	2.8 c ± 0.06
Granulócitos (%)	6.4 a ± 0.23	3.8 b ± 0.06	1.8 c ± 0.06	1.3 c ± 0.06	1.3 c ± 0.06	0.8 d ± 0.06
Glicose (mg/L)	118.4 d ± 2.62	171.8 c ± 3.76	183.4 b ± 2.53	217.3 a ± 5.57	216.7 a ± 7.11	221.9 a ± 6.04
Lípidos totais (g/L)	31.4 b ± 2.92	32.5 b ± 4.36	35,9 ab ± 2,31	36,1 ab ± 4,15	39,6 ab ± 5,22	41.3 a ± 2.73

Proteína total (g/L)	19.6 c ± 1.24	24.3 c ± 2.97	25,9 bc ± 1,28	30,1 ab ± 4,07	34.7 a ± 2.67	35.8 a ± 3.12
Albumina (g/L)	10.1 c ± 0.53	10.5 c ± 0.32	12.8 b ± 1.61	13.9 b ± 1.77	15,9 ab ± 2,42	17.2 a ± 2.84
Globulina (g/L)	6.3 d ± 1.16	10.0 c ± 1.88	14,1 bc ± 2,89	16,3 ab ± 2,78	18.8 a ± 2.36	18.6 a ± 3.28

A mesma letra na mesma linha não é significativamente diferente a $P < 0,05$.

II.2.4 . Efeito da suplementação com spirulina na imunidade inata dos peixes

Verifica-se que a suplementação com spirulina estimulou a produção de aniões superóxido (valores NBT) e os valores NBT mais elevados foram obtidos com 5,0 - 10,0 g de spirulina/kg de dieta, enquanto o valor mais baixo foi obtido com a dieta de controlo (Figura 5; Abdel-Tawwab e Ahmad, 2009 b). Além disso, a mortalidade dos peixes após a injeção IP com *A. hydrophila* aumentou significativamente ($P < 0,05$) ao aumentar o tempo e a mortalidade máxima foi obtida 4 dias após a injeção IP da bactéria, após o que não foi observada qualquer mortalidade (Figura 6). A mortalidade total dos peixes 10 dias após a injeção de *A. hydrophila* diminuiu significativamente ($P < 0,05$) com o aumento da suplementação de spirulina. Além disso, a contagem bacteriana após incubação com soros de peixe diminuiu com o aumento do nível de spirulina nas dietas dos peixes e as contagens bacterianas mais baixas foram obtidas em peixes alimentados com 5,0 - 10,0 g de spirulina/kg de dieta, enquanto a mais alta foi obtida quando os peixes foram alimentados com a dieta de controlo (Figura 7).

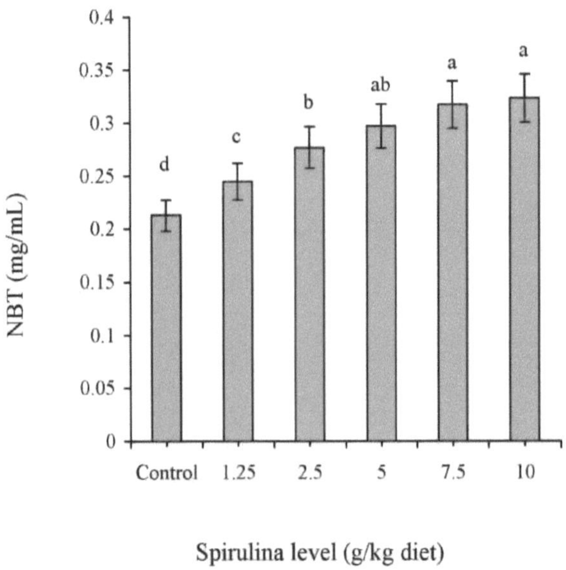

Figura 5. Alterações no nitroblue tetrazolium (NBT; mg/mL) em tilápias do Nilo alimentadas com uma dieta com diferentes níveis de spirulina durante 12 semanas. As barras assinaladas com a mesma letra não diferem significativamente entre si a $P < 0,05$ (segundo Abdel-Tawab e Ahmad, 2009 b).

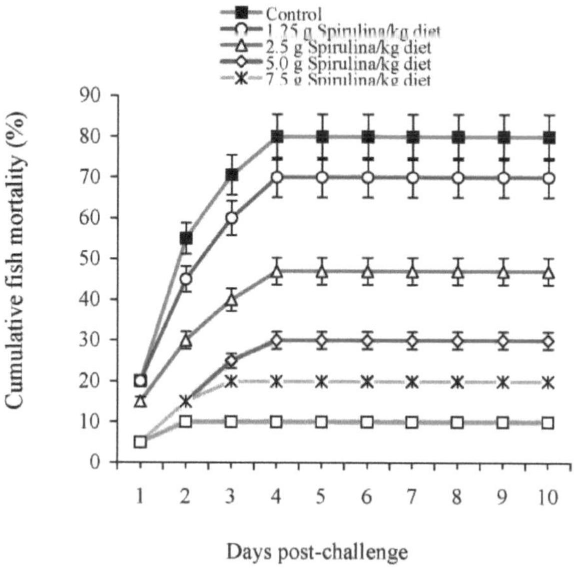

Figura 6. Mortalidade diária (%) de tilápia do Nilo alimentada com uma dieta com diferentes níveis de Spirulina durante 12 semanas e desafiada por *A. hydrophila* durante 10 dias (segundo Abdel-Tawwab e Ahmad, 2009 b).

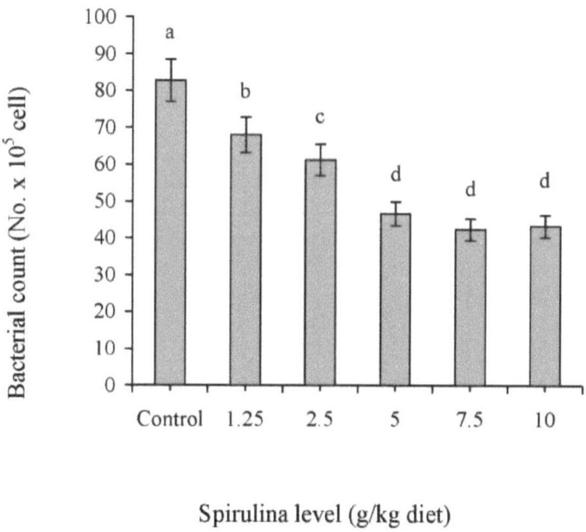

Figura 7. Contagens de *A. hydrophila* 24 horas após a incubação com soro de tilápia do Nilo alimentada com uma dieta com diferentes níveis de Spirulina durante 12 semanas. As barras assinaladas com a mesma letra não diferem significativamente entre si a $P < 0,05$ (segundo Abdel-Tawab e Ahmad, 2009 b).

Verifica-se que os resultados de NBT, desafio bacteriano e atividade bacteriocida sugerem o aumento da fagocitose no sangue, que tem um papel importante na prevenção de doenças infecciosas. A fagocitose por estas células é um processo de internalização, morte e digestão de microorganismos invasores. Vários autores relataram que a fagocitose é estimulada pela administração oral de probióticos (Siwicki et al., 1994; Anderson et al., 1995; Rengpipat et al., 2000; Li e Gatlin, 2003, 2004; Panigrahi et al., 2005; Taoka et al., 2006 a).

A Spirulina pode estimular o sistema imunitário através do aumento das actividades fagocíticas e de morte natural (Qureshi e Ali, 1996). Esta descoberta está de acordo com Duncan e Klesius (1996) que referiram que a Spirulina tinha a capacidade de aumentar as respostas imunitárias não específicas nos peixes. No entanto, eles demonstraram que os fagócitos peritoneais do peixe-gato de canal, *I. punctatus*, alimentado com *Spirulina plantesis*, mostraram uma fagocitose melhorada para o zymosan e um aumento da quimiotaxia para o exoantigénio *de Edwardsiella ictaluri*. Também Watanuki et al. (2006) relataram que a spirulina activava as funções dos leucócitos, tais como a fagocitose e a produção de superóxido, e a produção de citocinas na carpa comum, *Cyprinus carpio* L. Por outro lado, não se verificou um aumento significativo nos peixes alimentados com 7,5 e 10,0 g de spirulina/kg de dieta. Este resultado pode ser devido à sobreactivação do sistema imunitário e a uma condição semelhante à "fadiga imunitária" (Chang et al., 2000). Ao contrário de muitos quimioterapêuticos, os imunoestimulantes não apresentam uma relação linear dose-efeito (Bliznakov e Adler, 1972). A este respeito, Sajeevan et al. (2006 e 2009) encontraram um índice de imunidade reduzido no camarão *Fenneropenaeus indicus* alimentado com uma dose excessiva de levedura e glucano, respetivamente.

É importante estimar o aumento da proteção nos peixes tratados com imunoestimulantes. A espirulina contém fitopigmentos como ficobilinas, ficocianina e aloficocianina, e xantofilas, que parecem estar relacionados com a sua atividade antioxidante (Miranda et al., 1998; Bhat e Madyastha, 2000; Wang et al., 2007; Bermejo et al., 2008). Além disso, Abd El-Baky et al. (2004), Wu et al. (2005) e Hu et al. (2008) referiram que o extrato de carotenóides de algas tinha uma atividade antioxidante significativa. A utilidade dos antioxidantes na proteção dos componentes celulares contra o stress oxidativo está bem estabelecida (Mohan et al. 2006). A este respeito, Abdel-Tawab e Ahmad (2009 b) verificaram que a tilápia alimentada com 5,0 - 10,0 g de spirulina/kg de dieta aumentou a resistência dos peixes contra *A. hydrophyla*. Watanuki *et al.* (2006) estimaram a flutuação no número de células bacterianas em órgãos de peixes tratados com spirulina após um desafio artificial com *A. hydrophila*. Verificaram que o número de bactérias era inferior no fígado e no rim das carpas tratadas com Spirulina do que no grupo de controlo, o que sugere uma maior resistência das carpas tratadas com Spirulina por via oral à infeção por *A. hydrophila*.

Capítulo 3

3. Suplementação de ervas medicinais para peixes

Estima-se que o mercado mundial de medicamentos à base de plantas, incluindo produtos à base de plantas e matérias-primas, tenha uma taxa de crescimento anual entre 5 e 15%. O mercado mundial total de medicamentos à base de plantas está estimado em 62 mil milhões de dólares e prevê-se que cresça para 5 biliões de dólares até ao ano 2050. Em 2004, o mercado farmacêutico mundial valia 550 mil milhões de dólares e aumentou para 900 mil milhões de dólares em 2008 (Maggon, 2005).

A medicina herbal tem sido utilizada ao longo da história e em todas as culturas para prevenir e tratar doenças. De facto, algumas das ervas abordadas neste livro, como o ginseng e a curcuma, são muitas vezes referidas como "especiarias" ou consideradas como ingredientes simples, embora um pouco exóticos, de alimentos de terras distantes. No entanto, a longa história e a poderosa reputação de muitos tipos de ervas e especiarias são impressionantes. Nesta época de necessidade crescente de estratégias de promoção da saúde e de tratamento eficazes e acessíveis para as nossas populações envelhecidas e de problemas crescentes colocados por micróbios novos e resistentes aos antibióticos, a história e a reputação dos medicamentos à base de plantas devem ser examinadas de forma rigorosa e científica, para que os seus efeitos, se confirmados, possam ser traduzidos em benefícios clínicos.

As plantas medicinais têm sido referidas como anti-stress, promoção do crescimento, estimulação do apetite, tónico e imunoestimulação, e como tendo propriedades afrodisíacas e antimicrobianas na larvicultura de peixes ósseos e camarões devido aos princípios activos como alcalóides, flavonóides, pigmentos, fenólicos, terpenóides, esteróides e óleos essenciais (Citarasu et al., 1998, 1999, 2001, 2002; Sivaram et al., 2004). As ervas ricas em substâncias que reforçam o sistema imunitário são utilizadas em muitos países para promover a saúde, aumentar a resistência natural do organismo às infecções e na prevenção e tratamento de várias doenças (Agarwal e Singh, 1999; Devasagayam e Sainis, 2002). Os imunoestimulantes à base de plantas podem modular a resposta imunitária inata e, como alternativa, a sua eficácia limitada ou proibitiva em termos de custos aos antibióticos, produtos químicos ou medicamentos atualmente utilizados para controlar as doenças dos peixes e crustáceos (Galeotti, 1998; Sakai, 1999; Jeney e Jeney, 2002; Anderson, 1992; Secombes, 1994; Dalmo e Seljelid, 1995; Raa, 1996; Raa et al., 1992; Yeh et al., 2009a, b; Fu et al., 2007; Hou e Chen, 2005). Os surtos de doenças na pesca comercial podem ser controlados pelo reforço da imunidade inata através da aplicação de estimulantes imunitários naturais (Robertsen et al., 1990; Sakai et al., 1991; Siwicki et al., 1994; Anderson, 1992), mas continuam a ser rejeitados pela comunidade científica devido à falta de normalização (Ponni, 2002). Os produtos à base de plantas são uma fonte terapêutica mais barata, têm maior precisão do que os agentes quimioterapêuticos e oferecem uma solução viável para todos os problemas que a aquacultura enfrenta atualmente. Vários produtos vegetais antimicrobianos, anti-stress, imunoestimulantes e promotores de crescimento influenciam significativamente a larvicultura de peixes e camarões (Citarasu et al., 1998, 2002, 2003a, b). Os fenólicos vegetais, polissacáridos, proteoglicanos e flavonóides desempenham um papel importante na prevenção ou controlo de micróbios infecciosos (Citarasu, 2010). Os compostos à base de plantas têm a capacidade de inibir a produção de aniões de oxigénio e de eliminar os radicais livres. As plantas medicinais são geralmente administradas por via oral (dieta) ou por injeção (intraperitoneal ou intramuscular) para aumentar a imunidade inata contra doenças bacterianas, fúngicas, virais e parasitárias em diferentes peixes e crustáceos (Quadro 12).

Tabela 12. A administração de diferentes imunoestimulantes à base de plantas em várias concentrações por via oral ou injeção melhorou a resposta imunitária inata e adaptativa dos peixes e crustáceos contra doenças (segundo Harikrishnan et al., 2011).

Ervas	Peças	Solvente	Concentrações	Adm.	Exposição	Peixe	Peso (g)	Patógeno	Dose	Melhorar	Referências

E. *alba*	L	A	0,01,0,1,1%	Dieta	3w	O. *mossambicus*	25-50	A. *hydrophila*	IxlO[8] células	Ly,Co,An,Me, ROS,RNS	Radu et al., 2003
A. áspera	S	NA	0.5%	Dieta	28 d	C. *catla*	160	NA	-	Um	Chakrabarti e Rao, 2006
A *áspera*	S	NA	0.5%	Dieta	28 d	C. *catla*	160	NA	-	Um	Rao e Chakrabarti, 2005
A áspera	s	NA	0.01,0.1,0.5%	Dieta	4w	*L, rohita*	3	A. *hydrophila*	lxl0[6] cfu	Ba, SOD, Ly	Rao et al., 2006
A áspera	R	A	0.5%	Dieta	28 d	*L. rohita*	200	-	-	Ele	Rao etal" 2004
M. *indica* L	A	NA	1,5,10 g	i.p.	70 d	*L. rohita*	10	A. *hydrophila*	IxlO[7] células	SOD, Ba, Ly	Sahuetal, 2007
A *sativum*	Ex	NA	0.05,0.1,0.5,1.0 g	Dieta	14 d	*0. mykiss*	15	A. *hydrophila*	3xl0[7] cfii	Pa, An, SOD, Ly	Nya e Austin, 2009

A sativum	NA	-	0.1,0.5,1.0%	Dieta	70 d	*L rohita*	10	A. *hydrophila*	1,8xl0^{6} cfu	Ba, SOD, Ly	Sahuetal, 2007
A vera	L	NA	0.1,0.5%	Dieta	4w	*S. schlegeli*	25	V. *alginolyticus*	NA	Ly	Kim etaL, 1999
C *kanehirae*	L	A	0.24,0.80%	NA	lOd	*L, vannamei*	10	V. *alginolyticus*	1xl0^{B} cfu	Pe, Pa, RBA	Yeh e Chen, 2009
C. kanehirae	L	A	0,5,1,2 mg	Dieta	96 h	*L, vannamei*	10	V. *alginolyticus*	1.8xl0 rfu^{6}	Pa, RBA	Yeh etaL, 2009a, 2009b
C. formosum	L	A	0.5,1,1.5%	Dieta	40 d	*0. niloticus*	30	*S. agalactiae*	5.2xl0^{4} cfu	Pa, RBS, Ly	Rattanachaikunsopon e Phumkhachorn, 2010
E.senticosus	F	NA	3,7%	Dieta	8w	*P. olivaceus*	60	*E. trada,V, anguillarum*	NA	Pa, NBT, Ly	Won etaL, 2008
G. amansii	L	A	200, 400, 600 mg	i.p.	28 d	*L, vannamei*	11	V. *alginolyticus*	2xl0^{6} cfu	Pe, Pa, RBA, SOD	Fu etaL, 2007

G. tenuistipitata	L	A	2,3 mg	i.p	28 d	*L, vannamei*	10	V. *alginolyticus*	2x10^6 cfu	Pe, Pa, RBA	Hou e Chen, 2005
S. fusiforme	W	A	0.5,1,2%	Dieta	14 d	*F. chinensis*	2	V. *harveyi*	9,3x10^s rfu	PO, SOD	Huang etaL, 2006
G. pescou	W	E,M, C,H	0,05,0,1,0,5,1,5 ,10,20 mg	i.p.	14 d	*P. monodon*	14	V. *harveyi*	-	SOD, TH	Kanjana etaL, 2011
G, tenuistipitata	L	A	200, 400, 600 mg	-	-	*P.L. vannamei*	10	-	-	TH, PO, RBA, SOD	Yeh etaL, 2009a, 2009b
L.nobilis	L	NA	0.5,1%	-	21 d	*O. mykiss*	89	-	-	RBA, Pa, Ly, TP	Bilen e Bulut, 2010
M. indica	K	NA	1,5,10 g	Dieta	60 d	*L. rohita*	10	A. *hydrophila*	lxl0^7 cfu	Ba, SOD	Sahuetal, 2007
N. arbortristis	S	C	0.01,0.1,1%	Dieta	3w	*0. mossambicus*	30-50	A. *hydrophila*	IxlO^8 células	Ly, Co, Me, ROS, RNS	Kirubakaran etaL, 2010

0. sanctum	L	A	10 pés	i.p.	28 d	*0. niloticus*	25	A. *hydrophila*	2.5xl0^6 células	Nu, An	Logambal etaL, 2000
P.granatum	L	A,E, M	5,50,500 mg	i.p.	8w	*P. olivaceus*	547	Vírus LDV	NA	Pa, RBS, Co, Ly	Harikrishna netal, 2010a
P. ginseng	R	NA	0.4g	Dieta	84 d	*L vannamei*	NA	-	NA	SOD.GSH-Px	Liu etaL, 2010
P, cnientum	L	NA	10g	Dieta	-	*S. senegalensis*	80	P. *damselae*	10^8 células	RBA	Diaz-Rosales etaL, 2008
R. officinalis	L	E,M	Rácio	Dieta	NA	*Oreochromis* sp	7	*S. iniae*	l.lxl0^8 cfu	-	Abutbul etaL, 2004
S. trilobatum	L	AH	4,40,400 mg	i.p.	10 d	O. *mossambicus*	25-50	A. *hydrophila*	IxlO^8 células	Ly, ROS, RNS	Divyagnaneswari et al" 2007
S. platensis	L	A	200, 400, 600 mg	i,m.	96 h	*L. vannamei*	-	*V, harveyi*	1.4xl0^6 cfu	TH, PO, RBA, SOD, GPx, Ly	Kanjana etaL, 2011

S. duplicatum	W	A	100, 300, 500 mg	i.m.	NA	*L. vannamei*	10	V. *alginolyticus*	lxl0^6 cfu	PO, Pa, RBA	Yeh etaL, 2006
T. cordifolia	L	A	6,60,600 mg	i.p.	12 d	*0. mossambicus*	25050	*A. hydrophila*	IxlO^8 células	Ly, Co, An, Me, ROS, RNS	Alexander etaL, 2010
T. sinensis	L	A	4,8 mg	i.p.	7d	*0. mossambicus*	10	*A. hydrophila*	5xl0^7 cfu	Pa, RBA, LY, lg	Wu etaL, 2010
V. *álbum*	L,S, F	A	0.1,0.5,1.0	Dieta	14 d	*A. japónica*	200	A. *hydrophila*	3xl0^6 cfu	Pa, RBS, Ly	Yin etaL, 2008
IN. somnífera	L	NA	1,2,3 pés	Dieta	56 d	*L, rohita*	18	A. *hydrophila*	NA	Pa, NBT, Ig	Sharma etaL, 2010

L: Folha, S: Semente, F: Frutos, Ex: Extrato, K: Miolo, R: Raiz, W: Erva daninha, NA: Não disponível, Pr: Produto; A: Aquoso, C: Clorofórmio, H: Hexano, E: Etanol, M: Metanol, FVP: Produto vegetal fermentado, Be: Benzeno, Bu: Butanol, P: Petróleo, i.p.: Injeção intraperitoneal, w: Semana, d: Dias, Ly: Lisozima, Co: Complemento, An: Antiprotease, Me: Meloperoxidase, ROS: Espécies reactivas de oxigénio, RNS: Espécies reactivas de azoto, Pa: Fagocitose, RBS: Atividade de explosão respiratória, An: Anticorpo, Ba: Bactericida, He: Hemaglutinação, Nu: Nutrófilo, No: Óxido nítrico, TH: Hemócitos totais; PO: fenoloxidase, GPx: Glutationa peroxidase, Pe: Fenoloxidase.

Diferentes compostos activos à base de plantas e produtos de plantas medicinais, tais como antraquinona, óleo essencial, FVP, epimedii à base de plantas, immunplus, polissacarídeos, saponina e azadiractina actuam como imunoestimulantes e foram utilizados individualmente e combinados para controlar doenças de peixes e mariscos. São normalmente administrados através de injeção oral ou intraperitoneal para aumentar a imunidade inata contra doenças bacterianas em diferentes peixes e crustáceos (Quadro 13).

Tabela 13. Diferentes compostos activos à base de plantas actuam como imunoestimulantes em várias concentrações, administrados por via oral ou por injeção, melhorando a resposta imunitária inata e adaptativa dos peixes e crustáceos contra doenças (segundo Harikrishnan et al., 2011).

Ervas	Peç as	Solve nte	Concentraç ões	Ad m.	Expos ição	Peixe/m arisco	Peso (g)	Agente patogéni co	Dose	Melhorar	Referências
Antraquinona	-	-	0.1,0.2,0.4 %	Diet a	6w	*M. rosenbe rgii*	-	-	-	Ly, Não	Liu etal., 2010
Azadiractina+ Cânfora+	-	E	100m400,7 00 ppm	i.m.	30 d	*C. mrigala*	45	*A. invadans*	IxlO[5] cfu	ROS,RNS ,Ly	Harikrishnan etal., 2009a, 2009b
Curcumina											
VICE-PRESIDENT E EXECUTIVO	-	-	3,6,15 mg	Diet a	4w	*P. olivaceu s*	280	-	-	Pa, SOD, Ly	Ashida e Okimasu, 2005
Óleo essencial Pro	-	-	30,60,120 ppm	Diet a	22 d	*C. carpio*	30	*A. hydrophi la*	10"[8] células	Ba, Ly, An	SoltanietaL, 2010
Herba Epimedii	NA	NA	0.1,0.5,1.0 %	Diet a	5w	*M. asiaticu s*	58	*A. hydrophi la*	1 xlO[7] cfu	Pa, RBA, Co, Ly	Zhang etal., 2009

ImmunPlus	Prof issi onal	-	0.5,1,2 g	Diet a	45 d	*L, rohita*	NA	*A. hydrophi la*	10^8 células	NBT.Ly	Kumari et al., 2007
Polissacárido	W	A	0.5,1,2%	Diet a	14d	*F. chinensi s*	2	V. *harveyi*	9,3x10^5 cfu	PO, SOD	Huang et al., 2006
Polissacáridos	R	NA	0.4 g	Diet a	84 d	*L vannam ei*	NA	-	NA	SOD, GPx	Ashida e Okimasu, 2005
Saponina	L	A	0.5 g	i.m.	72 h	*L vannam ei*	10	*V. Alginolyt icus*	3.2x10^5 cfu	Pa, RBA, SOD, GPx	Su e Chen, 2008

L: Folha, S: Semente, F: Frutos, Ex: Extrato, K: Miolo, R: Raiz, W: Erva daninha, NA: Não disponível, Pr: Produto; A: Aquoso, C: Clorofórmio, H: Hexano, E: Etanol, M: Metanol, FVP: Produto vegetal fermentado, Be: Benzeno, Bu: Butanol, P: Petróleo, i.p.: Injeção intraperitoneal, w: Semana, d: Dias.

III.1. suplementação de chá verde em peixes

O chá verde (GT; *Camellia sinensis* L.) é uma das bebidas mais populares do mundo. Para além da sua utilização tradicional como bebida, foram identificadas propriedades medicinais naturais no chá verde. É rico em vários componentes, como polifenóis, cafeína, taninos, aminoácidos, vitaminas, minerais, hidratos de carbono e saponinas (Chacko et al., 2010). Os efeitos benéficos da TG têm sido atribuídos à presença de quantidades elevadas de polifenóis, que incluem flavanóis, flavandióis, flavonóides e ácidos fenólicos; estes compostos podem representar até 30% do peso seco (Chacko et al., 2010). A maioria dos polifenóis GT são flavonóis, vulgarmente conhecidos como catequinas. Devido aos seus componentes, a planta apresenta propriedades antitumorigénicas, anti-catecinas e anti-envelhecimento.
propriedades inflamatórias, antioxidativas, antiproliferativas, antibacterianas, antivirais e antiparasitárias (Isogai et al., 2001; Molan et al., 2003, 2004; Weber et al., 2003; Crespy e Williamson, 2004). Tem sido relatado que a adição de extrato de chá verde (GTE) como um aditivo dietético melhora o metabolismo e actua como promotores de saúde, antioxidantes ou imunoestimulantes, mas apenas alguns estudos têm até agora avaliado a possível aplicação do chá verde na ciência das pescas (Hwang et al., 2013). Isso faz com que o chá verde seja um possível candidato a ser utilizado como aditivo alimentar para melhorar o crescimento dos peixes e controlar a doença bacteriana. Ebrahimi et al. (2016) alimentaram esturjões híbridos (Huso huso *3* x Acipenser ruthenus $) com dietas experimentais contendo 0, 50 e 100 mg GT/kg durante 6 semanas e, posteriormente, foram expostos ao ar durante 5 min antes de serem transferidos para o tanque de recuperação. Verificaram que o cortisol sérico aumentou em todos os tratamentos, mas a intensidade foi significativamente menor nos peixes alimentados com GT em comparação com o grupo de controlo. Da mesma forma, a dieta GT atenuou o aumento dos níveis séricos de glicose e lactato em comparação com o controlo.

111.1.1. Efeito da suplementação com chá verde no desempenho dos peixes

Abdel-Tawwab et al. (2010 b) adicionaram GT numa dieta prática para peixes de 0,0, 0,125, 0,25, 0,5,

1,0, ou 2,0 g GT/kg de dieta. Eles descobriram que o peso final do peixe, o ganho de peso e a taxa de crescimento específico da tilápia do Nilo aumentaram significativamente ($P < 0,05$) com o aumento dos níveis de GT até 0,5 g/kg, após o que o crescimento diminuiu (Tabela 14). O menor crescimento dos peixes foi obtido com 0,0 - 0,125 g GT/kg de dieta. Além disso, os peixes alimentados com dietas contendo 0,25 e 0,5 g GT/kg consumiram mais dieta do que os outros tratamentos, dando uma óptima FCR (1,27 e 1,20, respetivamente), enquanto que os peixes alimentados com a dieta de controlo consumiram menos dieta, dando uma FCR mais elevada (1,37). O rácio de eficiência proteica aumentou com o aumento do nível de GT e os valores mais elevados destes parâmetros foram obtidos quando os peixes foram alimentados com 0,25 - 0,5 g GT/kg de dieta. Por outro lado, níveis elevados de GT (0,5 - 2,0 g/kg de dieta) melhoraram a UE, enquanto os valores mais baixos foram obtidos com 0,0 - 0,125 g GT/kg de dieta (Tabela 14). A sobrevivência dos peixes variou de 93,3 a 95,6%, sem diferença significativa ($P > 0,05$) entre os diferentes tratamentos.

Os resultados de Abdel-Tawwab et al. (2010 b) revelaram que a suplementação com GT melhorou o desempenho do crescimento e a utilização dos alimentos, e o nível ótimo foi de 0,5 g/kg. Além disso, os peixes alimentados com dietas contendo 0,5 g de GT/kg apresentaram valores significativamente melhores ($P < 0,05$) de PER e EU em comparação com os peixes de controlo.

Tabela 14. Desempenho de crescimento da tilápia do Nilo alimentada com dietas práticas contendo diferentes níveis de folhas secas de chá verde (GT) durante 12 semanas (segundo Abdel-Tawwab et al., 2010 b).

Crescimento desempenho	Níveis de GT (g/kg de dieta)					
	Controlo (0,0)	0.125	0.25	0.50	1.00	2.00
Peso inicial (g)	1.89 ± 0.023	1.89 ± 0.010	1.83 ± 0.020	1.85 ± 0.025	1.86 ± 0.015	1.88 ± 0.015
Peso final (g)	14.63 c ± 0.808	14.81 c ± 0.265	17.11 b ± 0.901	19.21 a ± 0.259	16,09 bc ± 0,476	15,89 bc ± 0,797
SGR (%g/dia)	2.44 c ± 0.052	2.45 c ± 0.026	2.66 b ± 0.071	2.79 a ± 0.063	2,58 bc ± 0,041	2,54 bc ± 0,069

Consumo de alimentos (g de alimento/peixe)	17.5 b ± 0.84	17.6 b ± 0.54	19,4 ab ± 0,66	20.8 a ± 0.69	18.5 b ± 0.23	17.9 b ± 0.57
FCR	1.37 a ± 0.135	1,36 ab ± 0,042	1,27 ab ± 0,043	1.20 b ± 0.038	1,30 ab ± 0,032	1,28 ab ± 0,038
PER	2.59 c ± 0.12	2.62 c ± 0.08	2,81 ab ± 0,10	2.98 a ± 0.10	2,74 bc ± 0,04	2,79 bc ± 0,08
UE (%)	28.46 c ± 1.31	28.48 c ± 1.84	30.41 b ± 1.03	32.32 a ± 1.08	31,11 ab ± 1,35	31,14 ab ± 1,89
Sobrevivência dos peixes (%)	93.3 ± 3.85	95.6 ± 2.22	93.3 ± 3.85	95.6 ± 2.22	95.6 ± 2.22	95.6 ± 2.22

As médias com a mesma letra na mesma linha não são significativamente diferentes a $P < 0,05$.

A melhoria do crescimento dos peixes e da utilização dos alimentos pode dever-se à palatabilidade ou atratividade das dietas, o que, por sua vez, provoca um aumento do consumo de alimentos e um melhor desempenho dos peixes. A inclusão de GT na dieta dos peixes pode aumentar a digestibilidade dos nutrientes, levando a uma melhor utilização dos mesmos, o que, por sua vez, também pode explicar o melhor crescimento e utilização dos alimentos. Além disso, o GT pode desempenhar um papel inibidor dos potenciais agentes patogénicos no trato digestivo, pode aumentar a população de microrganismos benéficos e/ou pode aumentar a atividade enzimática microbiana que, consequentemente, melhora a digestibilidade dos alimentos e a absorção dos nutrientes. Do mesmo modo, Qiu et al. (2002, 2004) referiram que as dietas suplementadas com ervas medicinais chinesas (CMH) aumentavam significativamente o desempenho em termos de crescimento, a atividade da protease no intestino e no hepatopâncreas, a digestibilidade aparente das proteínas e da gordura da carpa cruciana, *Carassius auratus*. Jian e Wu (2004) observaram que a CMH tinha um efeito benéfico no crescimento e na prevenção e tratamento de doenças comuns na carpa comum, *Cyprinus carpio*. Lin et al. (2006) referiram que a CMH tradicional pode influenciar os processos digestivos, aumentando a atividade enzimática e melhorando a digestibilidade dos nutrientes, podendo assim aumentar a taxa de evacuação da dieta à medida que os níveis de ervas aumentam. Goda (2008) verificou que a suplementação das dietas com ginsana, *Panax ginseng*, melhorou significativamente o crescimento da tilápia do Nilo e a utilização dos alimentos.

111.1.2. Efeito da suplementação com chá verde na composição corporal dos peixes

Abdel-Tawwab et al. (2010 b) verificaram que a suplementação com GT afectou significativamente a composição corporal de todo o peixe, exceto o teor de humidade, que não variou significativamente ($P > 0,05$; Tabela 15). Os teores mais elevados de proteínas e lípidos foram obtidos com dietas de 0,125 - 0,5 e 1,0 - 2,0 g GT/kg, respetivamente, enquanto os peixes alimentados com a dieta de controlo apresentaram baixos teores de proteínas e lípidos (60,0 e 23,1%, respetivamente). O conteúdo total de cinzas foi significativamente ($P > 0,05$) menor nos peixes alimentados com dietas suplementadas com GT em comparação com os peixes alimentados com dietas sem suplementação de GT. Este valor foi semelhante nos peixes alimentados com dietas contendo GT em níveis de 0,25 a 2,0 g/kg (Tabela 15).

Tabela 15. Análise química aproximada (com base na matéria seca) do corpo inteiro da tilápia do Nilo alimentada com dietas práticas contendo diferentes níveis de folhas secas de chá verde (GT) durante 12 semanas (segundo Abdel-Tawwab et al., 2010 b).

	Níveis de GT (g/kg de dieta)					
	Controlo (0,0)	0.125	0.25	0.50	1.00	2.00
Humidade	72.4	73.5	73.3	73.3	73.0	73.4
	± 0.24	± 0.31	± 0.18	± 0.22	± 0.47	± 0.73
Proteína bruta	60.0 c	64.0 a	64.6 a	64.5 a	62.7 b	62.2 b
	± 0.49	± 0.53	± 0.47	± 0.25	± 0.15	± 0.19
Lípidos totais	23.1 b	22.8 b	22.5 b	22.7 b	25.1 a	24.9 a
	± 0.27	± 0.62	± 0.58	± 0.24	± 0.13	± 0.29
Cinzas totais	14.8 a	13.1 b	12.5 c	12.3 c	12.0 c	12.0 c

	± 0.23	± 0.10	± 0.11	± 0.05	± 0.11	± 0.12

As médias com o mesmo sobrescrito na mesma linha não são significativamente diferentes a P < 0,05.

As alterações na composição corporal dos peixes devido à suplementação com GT sugerem que o GT desempenhou um papel importante no aumento do consumo de ração, com um subsequente aumento da deposição de nutrientes no corpo dos peixes. Por outro lado, as alterações nos teores de proteínas e lípidos no corpo dos peixes podem estar relacionadas com alterações na sua síntese, na taxa de deposição no músculo e/ou na taxa de crescimento (Smith, 1981; Fauconneau, 1984; Soivio et al., 1989; Abdel-Tawwab et al., 2006). Por outro lado, Goda (2008) relatou que não houve efeito significativo dos níveis de ginsana na dieta sobre a análise de corpo inteiro da tilápia do Nilo.

111.1.3. Efeito da suplementação com chá verde na fisiologia dos peixes

Abdel-Tawwab et al. (2010 b) descobriram que as contagens de glóbulos vermelhos e brancos aumentaram com o aumento dos níveis de GT (Tabela 16). No entanto, só foram significativamente ($P > 0,05$) superiores ao controlo quando os níveis de GT na dieta aumentaram para 0,5 - 2,0 g/kg de dieta. Da mesma forma, a percentagem de linfócitos dos leucócitos foi significativamente maior nos peixes alimentados com 0,5 - 2,0 g de GT/kg de dieta do que nos peixes alimentados com dieta sem GT. Os níveis de GT na dieta, no entanto, diminuíram significativamente os monócitos e granulócitos em comparação com os da dieta de controlo (Tabela 16). Além disso, Abdel-Tawwab et al. (2010 b) relataram que os testes bioquímicos foram significativamente afetados pela suplementação com GT ($P < 0,05$; Tabela 16). A inclusão de 0,5 - 2,0 g/kg de dieta de GT resultou num aumento da glucose, lípidos, proteínas e albumina, enquanto os valores mais baixos dos parâmetros acima referidos foram obtidos com 0,0 - 0,25 g de GT/kg de dieta. Além disso, o valor da globulina foi significativamente alto nos níveis de GT na dieta 1,0 - 2,0 g/kg (Tabela 16).

Os testes hematológicos e bioquímicos são uma ferramenta importante que pode ser utilizada na avaliação da saúde dos peixes. Estudos hematológicos anteriores sobre efeitos nutricionais, doenças infecciosas e poluentes indicaram que os eritrócitos são um indicador importante e fiável de várias fontes de stress (Rehulka, 1989, 2000, 2002). Além disso, as hemácias transportam hemoglobina (Hb) que, por sua vez, transporta oxigénio e a quantidade de oxigénio recebida pelos tecidos depende da maturidade das hemácias e da quantidade de Hb. As contagens mais elevadas de hemácias e leucócitos observadas no presente estudo para a tilápia do Nilo alimentada com GT em comparação com o peixe de controlo sugerem que o GT melhorou a função hematológica do peixe. Resultados semelhantes foram obtidos por Goda (2008) que verificou que os glóbulos vermelhos, Ht e Hb da tilápia do Nilo aumentaram significativamente com o aumento dos níveis de ginsana na dieta em comparação com os peixes de controlo. Além disso, a classificação dos leucócitos no presente estudo foi linfócitos > monócitos > granulócitos, o que é semelhante ao obtido por Hrubec et al. (2000) para a tilápia (*Oreochromis* hybrid), Dobsikova et al. (2006) para a carpa comum, *Cyprinus carpio* (L.), e Goda (2008) para a tilápia do Nilo.

Tabela 16. Parâmetros hematológicos e bioquímicos da tilápia do Nilo alimentada com dietas práticas contendo diferentes níveis de folhas secas de chá verde (GT) durante 12 semanas (segundo Abdel-Tawwab et al., 2010 b).

Variáveis hematológicas	Controlo (0,0)	Níveis de GT (g/kg de dieta)				2.00
		0.125	0.25	0.50	1.00	
Glóbulos vermelhos **(x06/pL)**	1.87 b ± 0.087	1.95 b ± 0.098	2,16 ab ± 0,074	2.53 a ± 0.149	2.59 a ± 0.184	2.63 a ± 0.069

Glóbulos brancos (x05/pL)	3.13 b ± 0.124	3.43 b ± 0.103	3,86 ab ± 0,179	4.07 a ± 0.147	4.17 a ± 0.139	4.38 a ± 0.172
Linfócitos (%)	84.4 b ± 0.29	86.1 b ± 0.89	89,2 ab ± 1,33	91.7 a ± 1.53	93.3 a ± 1.45	94.8 a ± 1.67
Monócitos (%)	9.2 a ± 0.29	8.8 b ± 0.36	8.2 b ± 0.23	6.1 c ± 0.17	4.2 d ± 0.12	3.2 e ± 0.06
Granulócitos (%)	6.4 a ± 0.23	5.1 b ± 0.26	2.6 c ± 0.06	2.2 c ± 0.06	2.5 c ± 0.06	2.0 c ± 0.06
Glicose (mg/L)	118.4 d ± 2.62	171.8 c ± 3.58	196.3 b ± 5.73	223.7 a ± 6.82	229.8 a ± 5.68	226.6 a ± 6.89
Lípidos totais (g/L)	36.1 b ± 1.15	37.2 b ± 1.97	37.8 b ± 0.69	43.2 a ± 1.52	43.6 a ± 1.82	45.6 a ± 2.46
Proteína total (g/L)	13.3 c ± 0.23	19,5 bc ± 0,42	21,0 bc ± 1,35	24,3 ab ± 2,98	30.8 a ± 2.06	33.0 a ± 0.49
Albumina (g/L)	10.1 c ± 0.53	11,8 bc ± 0,40	12,5 bc ± 0,44	14,5 ab ± 0,95	15.8 a ± 1.49	16.9 a ± 0.92
Globulina (g/L)	3.2 d ± 0.22	7.7 c ± 0.36	8.5 b ± 0.33	9.8 b ± 0.89	15.0 a ± 0.97	16.1 a ± 0.78
NBT (mg/mL)	0.213 c ±0.012	0.253 b ± 0.012	0,290 ab ± 0,026	0.313 a ± 0.018	0,300 ab ± 0,012	0,287 ab ± 0,024

As médias com o mesmo sobrescrito na mesma linha não são significativamente diferentes a $P < 0,05$.

Verifica-se que os peixes alimentados com dietas enriquecidas com GT apresentaram níveis mais elevados de diferentes testes bioquímicos em comparação com os peixes de controlo. A este respeito, Dugenci et al. (2003) relataram que o nível de proteínas totais no plasma da truta arco-íris aumentou significativamente após a alimentação dos peixes com vários extractos de ervas. Além disso, o aumento da proteína sérica resultaria quando os processos anabólicos excedessem os catabólicos, e a proteína reservada estivesse a ser produzida em maior quantidade para satisfazer as necessidades metabólicas acrescidas dos peixes (Helmy et al., 1974).

111.1.4. Efeito da suplementação com chá verde na imunidade inata dos peixes

Abdel-Tawwab et al. (2010 b) verificaram que a suplementação com GT estimulou a produção de aniões superóxido (valores NBT) e os valores mais elevados de NBT foram obtidos com 0,25 - 2,0 g/kg de dieta, enquanto o valor mais baixo foi obtido no controlo. Além disso, a mortalidade dos peixes após a injeção IP com *A. hydrophila* aumentou significativamente ($P < 0,05$) com o aumento do tempo e a mortalidade máxima foi obtida 4 dias após a injeção da bactéria, após o que nenhuma mortalidade foi observada (Figura 8).

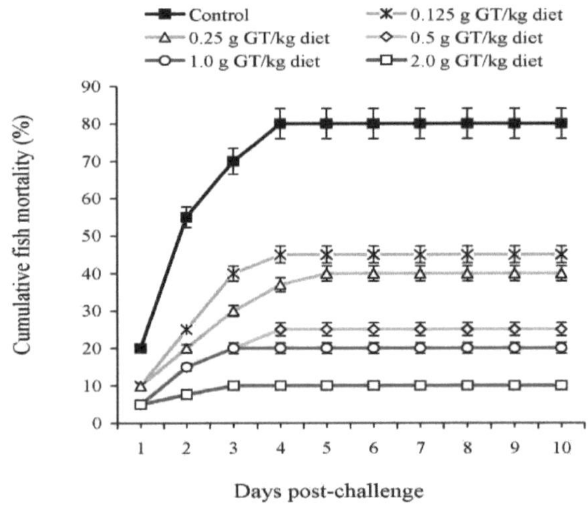

Figura 8. Mortalidade cumulativa (%) de tilápia do Nilo alimentada com uma dieta com diferentes níveis de chá verde (GT) em aquários de vidro durante 12 semanas e desafiada por *A. hydrophila* durante10 dias (segundo Abdel-Tawab et al., 2010 b).

Além disso, a mortalidade total de peixes 10 dias após o IP com *A. hydrophila* diminuiu significativamente ($P < 0,05$) com o aumento da suplementação de GT, onde a menor mortalidade de peixes foi obtida com 2,0 g GT/kg de dieta (Figura 8). A contagem bacteriana após incubação com soros de peixe diminuiu com o aumento do nível de GT na dieta dos peixes. A contagem bacteriana mais baixa foi obtida nos peixes alimentados com 2,0 g GT/kg, enquanto que a mais alta foi obtida no controlo (Figura 9).

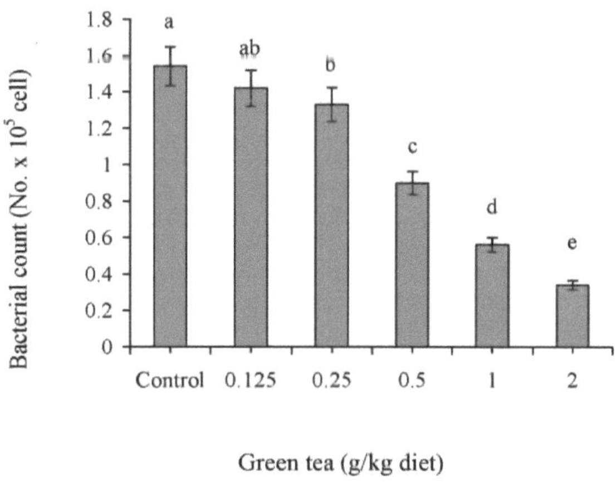

Figura 9. Contagens de *A. hydrophila* 24 horas após a incubação com soro de tilápia do Nilo alimentada com uma dieta com diferentes níveis de chá verde em aquários de vidro durante 12 semanas. As barras assinaladas com a mesma letra não diferem significativamente entre si a $P < 0,05$ (segundo Abdel-Tawwab et al., 2010 b).

É importante estimar o aumento da proteção nos peixes tratados com imunoestimulantes. Abdel-Tawwab et al. (2010 b) examinaram a resistência a doenças em tilápias alimentadas com GT usando *A. hydrophila*, atividade bacteriocida e NBT e descobriram que a resistência dos peixes contra a infeção por *A. hydrophila* aumentou com o aumento dos níveis de GT. Estes resultados podem ser atribuídos a um ou mais dos constituintes do GT, especialmente porque contém catequinas, flavonóis, flavanonas, ácidos fenólicos, glicosídeos e agliconas de pigmentos vegetais (Pan et al. 2003; Farhoosh et al. 2007). Estes componentes possuem poderosos antioxidantes naturais (Farhoosh et al. 2007; Wu et al. 2007; Rusak et al. 2008). A utilidade dos antioxidantes na proteção dos componentes celulares contra o stress oxidativo está bem estabelecida (Mohan et al. 2006). Em estudos semelhantes, Ardo et al. (2008) referiram que a alimentação da tilápia do Nilo com ervas chinesas (*Astragalus membranaceus* e *Lonicera japonica*), isoladamente ou em combinação, durante 4 semanas, aumentou significativamente a atividade fagocítica e a atividade de explosão respiratória das células fagocíticas do sangue e ambas as ervas reduziram a mortalidade após a infeção por *A. hydrophila*. Won et al. (2008) estudaram os efeitos do ginseng siberiano, *Eleutherococcus senticosus,* extrato de resíduo (SG-RE) na imunidade não específica da solha-das-oliveiras, *Paralichthys olivaceus*, em que os peixes foram alimentados com dietas suplementadas com ginseng siberiano (0, 3 ou 7%) durante 8 semanas. Verificaram que os peixes alimentados com uma dieta suplementada com 3% de SG-RE apresentaram uma melhor imunidade não específica e desenvolveram resistência à infeção por *Edwardsiella tarda* e *Vibrio anguillarum*.

Por outro lado, o crescimento e a imunidade fracos com 1,0 e 2,0 g de GT/kg de dieta podem ser devidos a uma ativação excessiva do sistema imunitário e uma dose mais elevada de GT na ração durante um período mais longo pode resultar em imunossupressão. Chang et al. (2000) verificaram uma imunidade reduzida em *P. monodon* após a alimentação contínua de glucano a uma concentração de 2 g/kg de ração durante 40 dias. Sugeriram que o uso contínuo de imunoestimulantes, mesmo numa dose óptima, pode suprimir a imunidade dos camarões. Isto pode dever-se a uma ativação excessiva do sistema imunitário e a uma condição semelhante à "fadiga imunitária" (Chang et al., 2000). Ao contrário de muitos quimioterápicos, os imunoestimulantes não apresentam uma relação linear dose-efeito (Bliznakov e Adler, 1972). A este respeito, Sajeevan et al. (2006 e 2009) encontraram um índice de imunidade reduzido no camarão *Fenneropenaeus indicus* alimentado com uma dose excessiva de levedura e glucano, respetivamente.

111.2. Suplemento de sementes de alcaravia para peixes

O cominho, *Carum carvi* L., é uma planta bienal que pertence à família Apiaceae e é originária da Ásia Ocidental, da Europa e do Norte de África. Medicinalmente, o cominho tem uma longa história de utilização; é sobretudo utilizado como decocção (chá), quer dos frutos quer da folhagem fresca ou seca. Wichtl (1994) referiu que o cominho promove a secreção gástrica, estimula o apetite e é utilizado como remédio para cólicas, perda de apetite e perturbações digestivas. Além disso, as sementes e os óleos de cominho têm actividades antimicrobianas e fortemente fungicidas, e podem aliviar a sensação de inchaço ou plenitude associada à indigestão e a problemas de estômago. Isto faz das sementes de cominho um possível candidato a ser utilizado como aditivo alimentar em dietas práticas para melhorar o crescimento dos peixes.

111.2.1. Efeito da suplementação com sementes de cominho no desempenho dos peixes

Ahmad e Abdel-Tawwab (2011) suplementaram a farinha de sementes de cominho (CSM) numa dieta prática para a tilápia do Nilo, onde cinco dietas (30,3% CP e 7,5% lípidos) foram formuladas para conter 0,0 (controlo), 5, 10, 15 ou 20 g CSM/kg de dieta. Verificaram que o crescimento dos peixes aumentou significativamente ($P < 0,05$) com a suplementação de CSM em comparação com a dieta de controlo (Tabela 17). Além disso, o peso final e a percentagem de ganho de peso mais elevados foram obtidos com uma dieta contendo 10 g de CSM/kg de dieta. Além disso, a diferença no desempenho dos peixes com 10, 15 ou 20 g de CSM/kg não foi significativa. Os desempenhos de crescimento mais baixos e mais elevados (peso final e percentagem de ganho de peso) foram observados nos peixes alimentados com dietas contendo 0,0 (controlo) e 10 g de CSM/kg de dieta, respetivamente.

Tabela 17. Desempenho dos peixes, sobrevivência e utilização de alimentos para alevinos de tilápia do Nilo alimentados com dietas contendo diferentes níveis de farinha de sementes de cominho durante 12 semanas (após Ahmad e Abdel-Tawwab, 2011).

	Farinha de sementes de alcaravia (g/kg)					Valor *P*
	0,0 (Controlo)	5	10	15	20	
Peso inicial (g)	3.6±0.3	3.6±0.2	3.6±0.4	3.6±0.5	3.6±0.2	1.000
Peso final (g)	24.6±0.4	29.0±0.4	32.3±0.3	30.1±0.8	28.4±0.8	0.001
Consumo de ração (g de ração/peixe)	30.4±0.4	32.2±0.2	32.5±0.4	33.8±0.2	32.0±0.1	0.005
FCR	1.4±0.04	1.3±0.02	1.1±0.01	1.3±0.03	1.3±0.04	0.023

PER	2.5±0.08	2.9±0.05	3.2±0.03	2.9±0.07	2.8±0.09	0.014
APU (%)	43.5±2.1	48.3±1.6	54.4±0.8	48.9±1.9	47.8±2.2	0.035
UE (%)	24.0±1.1	24.1±1.3	28.7±0.7	25.9±0.9	22.7±1.1	0.004
Sobrevivência dos peixes (%)	98.5±1.5	99.3±0.7	100.0	100.0	99.3±0.7	0.970

Ahmad e Abdel-Tawwab (2011) descobriram também que as relações entre os níveis de CSM na dieta e o peso final foram melhor expressas pela regressão polinomial de segunda ordem, que mostrou que o nível de CSM mais adequado para o crescimento máximo foi determinado em 12,5 g/kg (Figura 10). O consumo de ração aumentou significativamente, enquanto a FCR diminuiu significativamente ($P < 0,05$) quando os peixes foram alimentados com dietas suplementadas com CSM em comparação com os alimentados com uma dieta de controlo ($P < 0,05$; Tabela 17). A utilização aparente de proteínas e a utilização de energia mostraram uma tendência semelhante com o peso final e a % de ganho de peso e as suas relações com os níveis de CSM na dieta foram melhor expressas pela regressão polinomial de segunda ordem (Figura 11). Verifica-se que a FCR mais elevada e a mais baixa foram obtidas com 0,0 (controlo) e 10 g de CSM/kg de dieta (1,4±0,04 e 1,1±0,01, respetivamente). Além disso, os valores de PER, APU e EU aumentaram significativamente com dietas suplementadas com CSM ($P > 0,05$) e seus valores mais altos foram obtidos com 10 g de CSM/kg de dieta (Tabela 17).

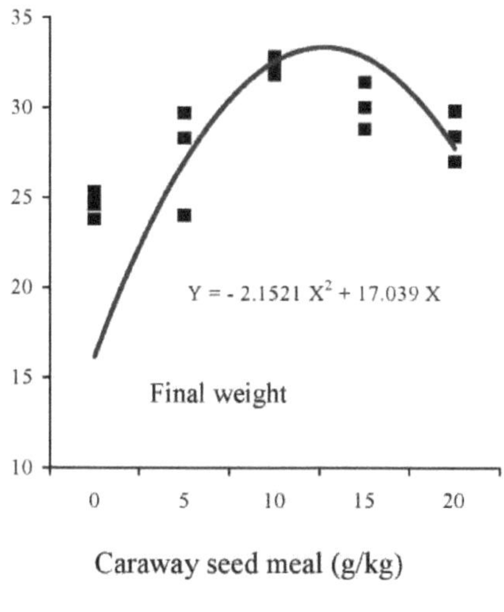

Figura 10 Relações entre os níveis de CSM na dieta e o peso final ou a percentagem de ganho de peso dos alevins de tilápia do Nilo (segundo Ahmad e Abdel-Tawwab, 2011).

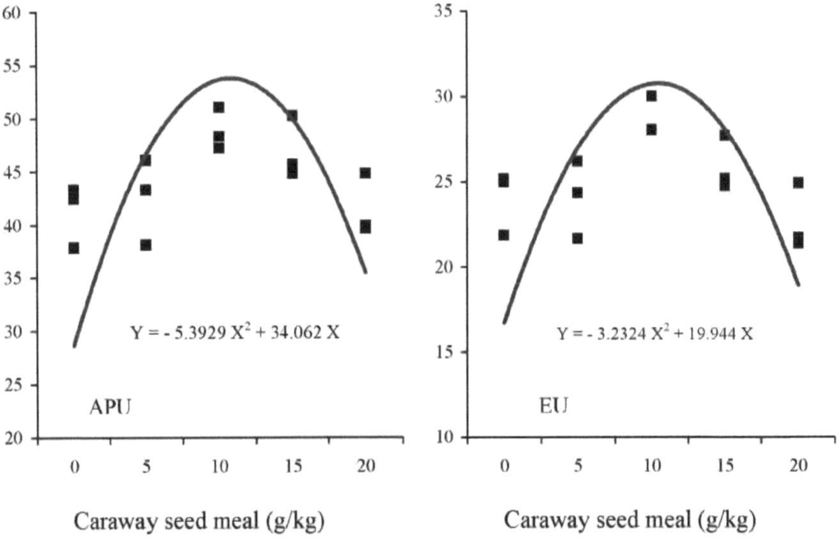

Figura 11 Relações entre os níveis de CSM na dieta e a utilização aparente de proteínas (APU) ou a utilização de energia (EU) pelos alevins de tilápia do Nilo (segundo Ahmad e Abdel-Tawwab, 2011).

O estudo de Ahmad e Abdel-Tawwab (2011) indicou que o maior crescimento dos peixes e a maior utilização da ração foram obtidos com 10 g de CSM/kg. Esses resultados concordam com El-Dakar (2004), que constatou que alevinos híbridos de tilápia *Oreochromis niloticus* x *O. aureus* alimentados com uma dieta de 0,5% de CSM apresentaram peso corporal e ganho de peso significativamente maiores do que aqueles alimentados com outros níveis de CSM. Da mesma forma, Abd El Hakim et al. (2010) realizaram uma experiência com alevins de tilápia do Nilo alimentados com uma dieta basal contendo 0, 1,0, 2,0 e 3,0% de funcho, *Foeniculum vulgare* (pertencente à família Apiaceae como cominho) durante 14 semanas. Verificaram que a utilização de 1,0 % de funcho produziu o máximo desempenho dos peixes. Abdel-Tawwab et al. (2010 b) observaram uma influência promotora do crescimento do chá verde na tilápia do Nilo e referiram que o crescimento e a utilização óptima da ração foram obtidos com 0,5 g/kg de dieta. Ahmad et al. (2011) avaliaram a utilização de canela, *Cinnamomum zeylanicum*, numa dieta para alevins de tilápia do Nilo durante 12 semanas e afirmaram que 1,0% de canela é a inclusão óptima que proporcionou o melhor desempenho dos peixes.

O aumento do crescimento na dieta suplementada com CSM pode dever-se ao facto de a CSM ter aumentado a digestibilidade dos nutrientes, levando a uma melhor utilização dos mesmos, o que, por sua vez, também poderia explicar o melhor crescimento. Platel et al. (2002) referiram que as especiarias são desejáveis para estimular a digestão e que têm uma elevada influência estimulante, particularmente na secreção biliar e na atividade das enzimas pancreáticas. Além disso, Harada (1990) verificou que a CSM era um forte atrativo das especiarias para o peixe de clima oriental e os cominhos para a albacora; contudo, o seu efeito atrativo depende da concentração utilizada. A utilidade da CSM pode dever-se ao facto de conter 3 - 7% de óleo essencial, que é maioritariamente dominado por carvona (50 - 85%) e limoneno (20 - 30%); os outros componentes carveol, dihidrocarveol, a- e 0- pineno, sabineno e álcool perílico são de muito menor importância (Murray et al., 1991). Também contém compostos vitais como a vitamina E, ácidos gordos essenciais, óleos aromáticos (Abd El-Latif et al., 2004), e estes compostos podem ter desempenhado um papel no aumento do crescimento.

Verifica-se que um nível elevado de CSM (mais de 10 g/kg) teve efeitos negativos no crescimento e na utilização da ração da tilápia do Nilo. Este resultado sugere que níveis elevados de CSM podem ter um fator anti-nutricional que reduziu a utilização da dieta dada. Além disso, isto pode dever-se a uma sobre-ativação da CSM e à ocorrência de uma condição semelhante à "fadiga imunitária". Além disso, estes resultados foram semelhantes aos de estudos anteriores com tilápia do Nilo alimentada com 0,5 GT/kg de dieta (Abdel-Tawwab et al., 2010 b), alimentada com 1,0% de farinha de sementes de funcho (Abd El Hakim et al., 2010), ou alimentada com 1,0% de canela (Ahmad et al., 2011). Nestes estudos anteriores, a relação entre o crescimento dos peixes e o aditivo alimentar não foi linear, mas curvilínea.

III.2.2 Efeito da suplementação com sementes de cominho na composição corporal dos peixes

O estudo de Ahmad e Abdel-Tawwab (2011) não indicou diferenças significativas (*P* > 0,05) nos teores de humidade e proteína bruta num corpo de peixe devido à suplementação com CSM e os seus intervalos foram 74,7 - 75,2 % e 16,7 - 17,2%, respetivamente (Tabela 18). Por outro lado, o conteúdo total de lípidos aumentou significativamente; entretanto, o conteúdo total de cinzas diminuiu significativamente com o aumento dos níveis de CSM (*P* < 0,05). Os teores mais baixos e mais altos de lípidos foram observados nos peixes alimentados com dietas contendo 0,0 (controlo) e 10 g de CSM/kg de dieta.

Tabela 18. Análise química aproximada (%; com base no peso fresco) do corpo inteiro da tilápia do Nilo alimentada com dietas práticas contendo diferentes níveis de farinha de sementes de cominho durante 12 semanas (após Ahmad e Abdel-Tawwab 2011).

	Farinha de sementes de alcaravia (g/kg)				
	0,0 (Controlo)	5	10	15	20
Humidade	74.7±0.38	75.1±0.11	74.8±0.58	75.2±0.21	74.7±0.63
Proteína bruta	17.2±0.32	17.0±0.41	16.7±0.32	16.8±0.38	16.7±0.33
Lípidos totais	3.5±0.07	3.6±0.04	4.1±0.09	4.1±0.11	4.5±0.11
Cinzas totais	4.4±0.13	4.3±0.05	4.0±0.24	3.8±0.14	3.7±0.20

Verifica-se que não há diferenças significativas (*P* > 0,05) na humidade e proteína bruta no corpo do peixe, enquanto os lípidos totais aumentam com o aumento dos níveis de CSM. A este respeito, Qiu et al. (2003) alimentaram carpas crucian aloginogenéticas com dietas formuladas, suplementadas com ou sem TCM, e verificaram que não havia diferenças significativas nos teores de humidade e de proteína bruta no músculo; no entanto, o teor de lípidos do músculo dos peixes alimentados com a dieta suplementada com TCM tem um teor de lípidos significativamente mais elevado. Lin et al. (2006) verificaram que os coeficientes de digestibilidade aparente dos lípidos aumentavam à medida que os níveis de TCM aumentavam nas dietas para o camarão branco *Litopenaeus vannamei*. Contrariamente, Abd El Hakim et al. (2010) e Ahmad et al. (2011) não encontraram diferenças significativas na composição química corporal da tilápia do Nilo alimentada com dietas contendo funcho ou canela, respetivamente. Em geral, a acumulação de gordura no corpo de um peixe resulta do equilíbrio entre a gordura absorvida pela dieta, a síntese de *novo* de ácidos gordos (lipogénese) e o catabolismo da gordura através da P-oxidação (lipólise). Assim, para uma quantidade semelhante de gordura absorvida, uma menor deposição de gordura corporal pode ser atribuída a um aumento do catabolismo da gordura ou a uma diminuição da síntese endógena de ácidos gordos ou a ambos os processos.

III.3. Suplementação de peixes com ginseng americano

O ginseng americano (AG), *Panax quinquefolium*, é uma das ervas mais valiosas utilizadas na medicina tradicional chinesa devido às suas elevadas actividades anti-oxidantes (Luo e Fang, 2008). Foi demonstrado que o polissacárido extraído das raízes do ginseng tem muitas funções, incluindo a modulação imunitária (Choi et al., 2008), a inibição de tumores (Shin et al., 2004), a inibição de bactérias patogénicas (Lee et al., 2006) e reacções anti-peroxidantes (Luo e Fang, 2008).

111.3.1. Efeito da suplementação com ginseng americano no crescimento dos peixes

A utilização de AG como aditivo natural para aumentar o crescimento da tilápia do Nilo e controlar a doença aeromonídea foi estabelecida por Abdel-Tawwab (2012 b) que alimentou tilápias do Nilo com dietas práticas contendo 0,0 (controlo), 0,50, 1,0, 2,0, ou 5.0 g AG/kg de dieta durante 8 semanas e verificou que o peso dos peixes aumentou paralelamente ao aumento dos níveis de AG nas dietas dos peixes e os peixes alimentados com dietas enriquecidas com AG apresentaram um peso final mais elevado do que os alimentados com a dieta de controlo (*P* < 0,05; Tabela 19). A relação entre os níveis de AG na dieta e o peso final foi melhor expressa pela equação de regressão polinomial de segunda ordem (Figura 12).

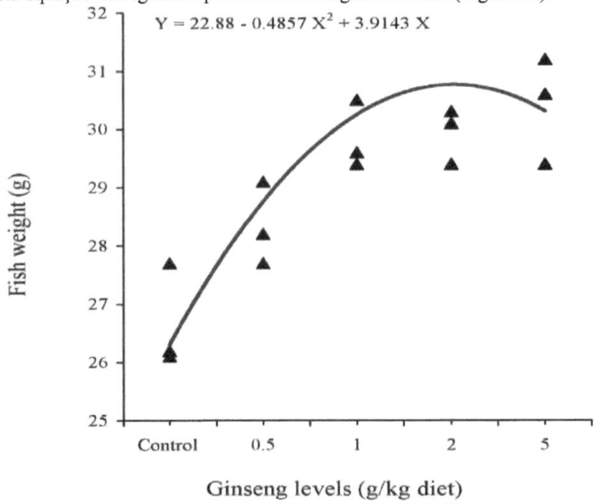

Figura 12. O peso final (g) da tilápia do Nilo alimentada com dietas contendo diferentes níveis de AG durante 8 semanas (após Abdel-Tawab, 2012 b).

Além disso, Abdel-Tawwab (2012 b) constatou que os peixes alimentados com dietas enriquecidas com AG com >*1*,0 g *AG/kg* consumiram mais ração do que os outros tratamentos e tiveram uma melhor FCR (Tabela 19). Da mesma forma, Goda (2008), que relatou que o ginseng, *Panax ginseng,* melhorou significativamente o crescimento da tilápia do Nilo e a utilização da ração.

Tabela 19. Desempenho de crescimento e utilização de ração da tilápia do Nilo alimentada com uma dieta contendo diferentes níveis de ginseng durante 8 semanas (após Abdel-Tawwab 2012 b).

Artigos	Níveis de ginseng (g/kg de dieta)				
	Controlo (0,0)	0.5	1.0	2.0	5.0
Peso inicial (g)	9.1±0.03	9.1±0.03	9.2±0.07	9.2±0.09	9.1±0.09

Peso final (g)	26.0±0.52 c	28.3±0.41 b	29.8±0.90 a	30.4±0.84 a	30.7±1.01 a
SGR (%g/dia)	1.88±0.032 c	2.03±0.021 b	2.10±0.062 a	2.13±0.042 a	2.17±0.049 a
Consumo de ração (g de ração/peixe)	22.1±0.23 c	23.6±0.33 b	23,9±0,12 ab	24,0±0,19 ab	24.8±0.28 a
FCR	1.31±0.08 a	1,23±0,08 ab	1.16±0.06 b	1.13±0.04 b	1.15±0.08 b
Sobrevivência dos peixes (%)	100±0.00	100±0.00	97.8±2.23	97.8±2.23	100±0.00

As médias com a mesma letra na mesma linha não são significativamente diferentes a $P < 0,05$.

III.3.2. Efeito da suplementação com ginseng americano na composição corporal dos peixes

Abdel-Tawwab (2012 b) afirmou que a suplementação com AG afectou significativamente a composição corporal do peixe inteiro, exceto o teor de humidade, com os peixes alimentados com AG a apresentarem teores de proteínas e cinzas ligeiramente mais elevados e teores de lípidos ligeiramente mais baixos (Tabela 20).

Quadro 20. Análise química aproximada (%; com base na matéria seca) do corpo inteiro de Tilápia do Nilo alimentada com uma dieta contendo diferentes níveis de ginseng durante 8 semanas (segundo Abdel-Tawwab, 2012 b).

Artigos	Níveis de ginseng (g/kg de dieta)				
	Controlo (0,0)	0.5	1.0	2.0	5.0
Humidade	72.5 ± 0.31	72.7 ± 0.70	73.4 ± 0.57	73.1 ± 0.39	73.7 ± 0.59
Proteína bruta	63.9 b ± 1.02	63.7 b ± 1.08	64.6 b ± 1.08	66,7 ab ± 0,50	67.3 a ± 0.71

Extrato etéreo	17.8 a ± 1.64	15.4 ab ± 1.42	15,6 ab ± 1,65	13.4 b ± 1.16	12.2 b ± 0.57
Cinzas totais	16.3 b ± 0.77	17.8 b ± 0.79	18,3 ab ± 1,60	18.8 ab ± 0.56	19.2 a ± 0.58

As médias com a mesma letra na mesma linha não são significativamente diferentes a $P < 0,05$.

As mudanças na composição corporal dos peixes devido à suplementação com AG sugerem que o AG dietético desempenha um papel no aumento do consumo de ração com um subsequente aumento da deposição de nutrientes no corpo dos peixes. Por outro lado, as alterações no teor de proteínas e lípidos no corpo do peixe podem estar relacionadas com alterações na sua síntese, na taxa de deposição no músculo e/ou na taxa de crescimento (Smith, 1981; Fauconneau, 1985; Abdel-Tawab et al., 2006). No seu estudo, Goda (2008) não encontrou alterações significativas na análise dos compostos do corpo inteiro da tilápia do Nilo devido à suplementação com ginseng.

111.3.3. Efeito da suplementação com ginseng americano na imunidade inata dos peixes

A suplementação com ginseng estimulou a produção de aniões superóxido (valores NBT). Os valores mais elevados de NBT foram obtidos com 2,0-5,0 g de AG */kg* de dieta; o valor mais baixo foi obtido no grupo de controlo. A relação entre os níveis de AG na dieta e os valores de NBT foi melhor expressa pela seguinte equação (Figura 13).

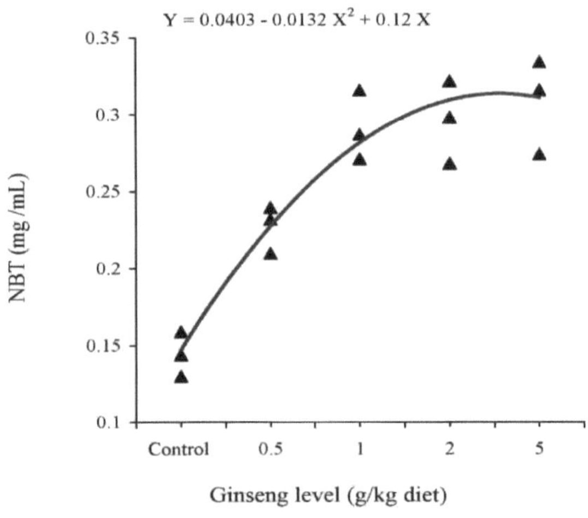

Figura 13. Alterações no nitroblue tetrazolium (NBT; mg/mL) em tilápias do Nilo alimentadas com dietas contendo diferentes níveis de ginseng durante 8 semanas (após Abdel-Tawab, 2012 b).

Além disso, Abdel-Tawwab (2012 b) relatou que a mortalidade de peixes após a injeção com *A. hydrophila* aumentou com o tempo até um máximo aos 4 dias após a injeção da bactéria. A mortalidade total dos peixes até 10 dias após a injeção diminuiu significativamente ($P < 0,05$) com o aumento do nível de AG. A menor mortalidade de peixes foi obtida com 2,0-5,0 g

AG/kg de dieta. A relação entre os níveis de AG na dieta e a mortalidade cumulativa dos peixes após o desafio bacteriano durante 10 dias foi melhor expressa pela seguinte equação (Figura 14).

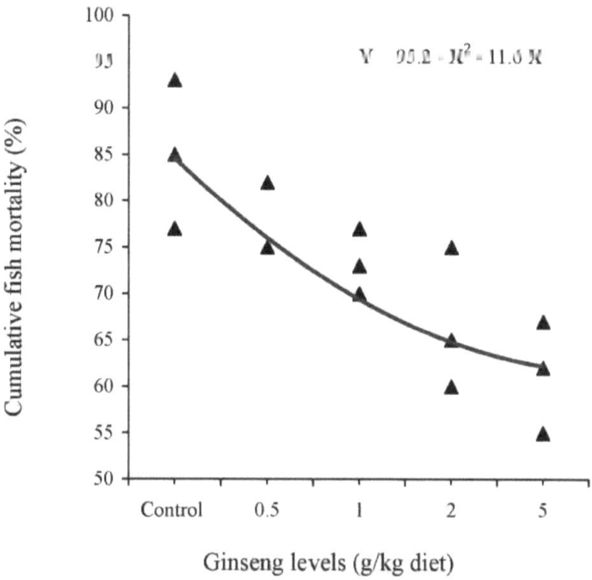

Figura 14. Mortalidade cumulativa (%) da tilápia do Nilo alimentada com dietas contendo diferentes níveis de ginseng durante 8 semanas e pós-desafio com *A. hydrophila* durante 10 dias (segundo Abdel-Tawab, 2012 b).

A observação de que o aumento da resistência à infeção por *A. hydrophila* e o aumento dos valores de NBT associados a níveis crescentes de AG sugerem que o AG actua como um imunoestimulante. Isto pode ser atribuído a um ou mais dos seus constituintes, saponinas ou ginsenósidos, os principais ingredientes activos do ginseng (Liu e Xiao, 1992; Back et al., 1996). Os ginsenósidos são exclusivos das espécies de *Panax*, muitos dos quais existem em quantidades mínimas e acredita-se que sejam responsáveis pela maior parte da atividade antioxidante do ginseng (Tyler, 1993; Wakabayashi et al., 1997; Attele et al., 1999). Além disso, Liu et al. (2011) descobriram que os polissacáridos do ginseng têm atividade antioxidante no camarão de perna branca, *Litopenaeus vannamei*. A utilidade dos antioxidantes na proteção dos componentes celulares contra o stress oxidativo está bem estabelecida (Mohan et al., 2006). Resultados semelhantes foram encontrados por Won et al. (2008), que estudaram os efeitos do extrato de resíduo de ginseng siberiano, *Eleutherococcus senticosus,* (SG-RE) na imunidade inespecífica da solha-das-olivas, *Paralichthys olivaceus*, em que os peixes foram alimentados com dietas suplementadas com SG-RE (0, 3 ou 7%) durante 8 semanas. Verificaram que os peixes alimentados com uma dieta suplementada com 3% de SG-RE apresentaram uma melhor imunidade inata e desenvolveram resistência à infeção por *Edwardsiella tarda* e *Vibrio anguillarum.*

111.3.4. Efeito da suplementação com ginseng americano na bioquímica dos peixes e toxicidade do Cu

A utilização potencial de suplementos de probióticos e ervas para aumentar a resistência dos peixes contra o stress ambiental tem aumentado em todo o mundo. Existem algumas tentativas de utilização de suplementos de ervas para reduzir o impacto da toxicidade dos metais pesados nos peixes. No entanto, a utilização de AG para proteger os peixes da toxicidade do cobre não foi avaliada por Abdel-Tawwab (2015 a), que testou a capacidade dos AG para reduzir o efeito tóxico do cobre ambiental, tendo alimentado tilápias do Nilo com dietas contendo AG durante 8 semanas e posteriormente expostas a 2,5 mg Cu/L durante 4 dias. Antes da exposição ao Cu, a suplementação com AG resultou em variáveis bioquímicas gerais mais elevadas (Tabela 21 a).

Quadro 21 a. Alterações em alguns parâmetros bioquímicos sanguíneos da tilápia do Nilo alimentada com uma dieta contendo diferentes níveis de ginseng americano durante 8 semanas e exposta a 2,5 mg Cu/L durante 4 dias (segundo Abdel-Tawwab, 2015 a).

Níveis de ginseng (g/kg de dieta)	Glicose (mg/dL)	Proteína (g/dL)	Lípidos (g/dL)	Creatinina (mg/dL)	AST (lU/dL)	ALT (lU/dL)
Antes da exposição ao Cu 0,0	73.7 f	1.73 d	1.10 d	0.95 b	81.8 b	21.9 c
	± 2.13	± 0.03	± 0.02	± 0.051	± 4.92	± 1.16
0.5	75.3 f	1.75 d	1.10 d	0.76 c	81.5 b	22.6 c
	± 2.44	± 0.07	± 0.07	± 0.052	± 2.02	± 1.45
1.0	77.7 f	2,86 a.C.	1.97 b	0.41 d	80.5 b	18.4 d
	± 2.33	± 0.18	± 0.09	± 0.012	± 3.75	± 0.26
2.0	87.6 f	3.07 b	2.04 b	0.42 d	71.9 c	11.9 e

	± 4.65	± 0.12	± 0.17	± 0.067	± 1.16	± 0.58
5.0	98.6 d	3.19 b	2.16 b	0.40 d	71.8 c	11.9 e
	± 1.23	± 0.19	± 0.14	± 0.029	± 1.74	± 0.58

As médias com a mesma letra na mesma coluna não são significativamente diferentes a $P < 0,05$.

Após a exposição ao Cu, as variáveis bioquímicas e os resíduos de Cu nos peixes foram significativamente afectados pela suplementação com AG, pela exposição ao Cu e pelas suas interações ($P <$ 0,05; Quadro 21 b). No entanto, o efeito do Cu foi mais grave nos peixes alimentados com uma dieta de controlo (sem AG) do que nos alimentados com uma dieta enriquecida com AG. Os valores mais elevados de glicose (225,9 mg/dL), proteínas totais (4,31 g/dL) e lípidos totais (2,88 g/dL), creatinina (1,35 mg/dL), AST (97,6 UI/dL) e ALT (33,2 UI/dL) foram detectados nos peixes de controlo intoxicados com Cu (Quadro 21 b).

Tabela 21 b. Alterações em alguns parâmetros bioquímicos sanguíneos da tilápia do Nilo alimentada com uma dieta contendo diferentes níveis de ginseng americano durante 8 semanas e exposta a 2,5 mg Cu/L durante 4 dias (após Abdel-Tawwab, 2015 a).

Níveis de ginseng (g/kg de dieta)	Glicose (mg/dL)	Proteína (g/dL)	Lípidos (g/dL)	Creatinina (mg/dL)	AST (lU/dL)	ALT (lU/dL)
Após exposição ao Cu 0,0	225.9 a	4.31 a	2.88 a	1.35 a	97.6 a	33.2 a
	± 4.18	± 0.25	± 0.12	± 0.05	± 0.98	± 0.91
0.5	220.0 a	4.03 a	2.12 b	1.36 a	95.9 a	27.3 b
	± 6.09	± 0.49	± 0.05	± 0.02	± 0.64	± 1.46

1.0	183.2 b	3.94 a	1.37 c	1.30 a	92.8 a	17.4 d
	± 2.44	± 0.23	± 0.04	± 0.03	± 1.47	± 0.87
2.0	150.1 c	2.64 c	1,33 cd	0.96 b	81.2 b	12.9 e
	± 4.37	± 0.15	± 0.07	± 0.04	± 1.75	± 0.73
5.0	100.9 d	2.00 d	1,23 cd	0.71 c	78.1 a.C.	11.1 e
	± 3.80	± 0.12	± 0.05	± 0.04	± 2.05	± 1.16
ANOVA de duas vias Ginseng	0.001	0.001	0.001	0.001	0.001	0.001
Exposição ao Cu	0.001	0.001	0.041	0.001	0.001	0.001
Exposição ao Ginseng x Cu	0.001	0.027	0.001	0.001	0.039	0.022

As médias com a mesma letra na mesma coluna não são significativamente diferentes a $P < 0,05$.

O elevado valor de glucose nos peixes de controlo intoxicados com Cu sugere uma suscetibilidade ao stress dos peixes contra a toxicidade do Cu. Esta hiperglicemia pode ser atribuída à glicogenólise mediada pelo cortisol ou à gluconeogénese (Mommsen et al., 1999). A resposta primária ao stress envolve o aumento do cortisol plasmático (Barton e Iwama, 1991; Barton, 2002). Esta hormona induz respostas secundárias ao stress, caracterizadas por um aumento dos níveis de glicose, mobilizando a glicose para os tecidos em homeostase para fazer face aos processos de restauração que exigem energia (Wendelaar Bonga 1997; Barton et al., 2002). Além disso, foram registados aumentos nos níveis de glicose e cortisol em *Prochidolus lineatus* (Martinez et al., 2004) e tilápia do Nilo (Monteiro et al., 2005) em resposta à toxicidade do chumbo e do cobre, respetivamente. Além disso, Firat e Kargin (2010) registaram um aumento da glicose e do cortisol sérico devido à exposição a Zn, Cd e Zn + Cd na tilápia do Nilo. Abdel-Tawwab et al. (2012) registaram um aumento da glicose e do cortisol sérico devido à exposição ao Zn na tilápia do Nilo durante 6 semanas.

Além disso, os valores das proteínas totais e dos lípidos totais foram significativamente mais elevados nos peixes de controlo, o que pode dever-se a perturbações nas vias metabólicas, especialmente na síntese de proteínas do fígado e/ou na degradação de proteínas devido à toxicidade do Cu (Dange e Masurekar, 1984). Além disso, o aumento das proteínas totais e dos lípidos totais no soro pode ser o resultado da destruição das células do fígado e de outros órgãos devido ao efeito dos tóxicos (Mousa, 2004; Abdel-Tawwab et al., 2007 b,c). Os valores elevados de creatinina, AST e ALT observados nos peixes alimentados com uma dieta de controlo (sem AG) podem ser atribuídos aos danos hepatocelulares e à insuficiência renal resultantes do efeito tóxico do Cu (Nesckovic et al., 1996; Mousa, 2004; Abdel-Tawwab et al., 2007 b,c). Os aumentos dos valores de AST e ALT sugerem que esses danos hepáticos podem ter ocorrido devido à toxicidade do Cu e, por conseguinte, à fuga destas enzimas para o sangue (Casillas et al., 1983; Chen et al., 2004).

Após a exposição ao Cu, os resíduos de Cu no corpo inteiro dos peixes foram significativamente mais baixos com o aumento dos níveis de AG nas dietas dos peixes e o teor mais baixo de Cu foi detectado nos peixes alimentados com 2,0 - 5,0 g de ginseng/kg. A relação entre os níveis de ginseng na dieta e os resíduos de Cu no corpo inteiro dos peixes foi melhor expressa pela equação de regressão polinomial de segunda ordem (Figura 15).

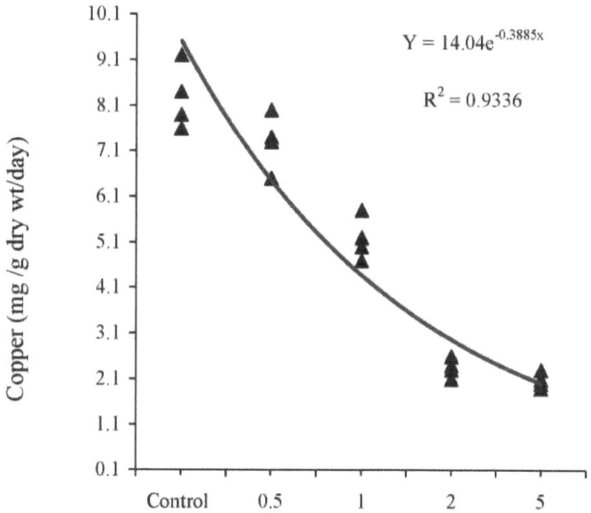

Figura 15. Alterações na acumulação diária de Cu (mg/g de peso seco/dia) em todo o corpo da tilápia do Nilo alimentada com uma dieta de 30%-CP com diferentes níveis de ginseng americano em aquários de vidro durante 8 semanas e posteriormente exposta a 2,5 mg Cu/L durante 4 dias (após Abdel-Tawwab, 2015 a).

Os resultados de Abdel-Tawwab (2015 a) sugeriram que a suplementação com AG pode ter desempenhado um papel na redução da toxicidade do Cu. Além disso, os compostos à base de plantas têm a capacidade de inibir a geração de aniões de oxigénio e de eliminar os radicais livres. Foi demonstrado que o efeito antioxidante das ervas é semelhante ao da superóxido dismutase, dos quelantes de iões metálicos e dos inibidores da xantina oxidase. Além disso, foi referido que o ginseng induz fortes respostas antioxidantes, com uma elevada capacidade de eliminação de radicais superóxidos (Luo e Fang, 2008). Por conseguinte, é provável que o AG possa proteger os animais em cultura dos efeitos adversos das espécies reactivas de oxigénio (ROS) através da estimulação de anti-oxidantes. Pode sugerir-se que o AG reduziu o nível de Cu através da quelação de iões metálicos, aumentando a excreção de metais e/ou diminuindo a absorção de metais. Além disso, Francis et al. (2002) referiram que os principais constituintes presentes na raiz do ginseng são uma série de saponinas triterpénicas, coletivamente designadas por ginsenósidos. Os ginsenósidos são derivados glicosilados de duas agliconas principais, o panaxadiol e o panaxatriol (Dewick 1997). Os efeitos globais dos ginsenósidos podem ser bastante complexos devido ao seu potencial para acções múltiplas, mesmo num único tecido (Attele et al., 2002).

Em estudos semelhantes que utilizaram probióticos em dietas para peixes, Taoka et al. (2006 a) verificaram que a solha-japonesa, *P. olivaceus*, alimentada com probióticos podia tolerar a exposição ao ar e ao stress térmico, resultando numa sobrevivência significativamente mais elevada nos grupos tratados com probióticos do que no grupo de controlo. Abdel-Tawwab et al. (2007 b) investigaram o efeito da suplementação com selénio orgânico na resistência do peixe-gato africano à toxicidade do Cu. Verificaram que a suplementação de 0,3 g de SO/kg de dieta podia reduzir a toxicidade do Cu, tendo o SO reduzido significativamente os resíduos de Cu no corpo do peixe. Abdel-Tawwab e Wafeek (2010) avaliaram a resistência da tilápia do Nilo alimentada com uma dieta suplementada com SO à toxicidade do Cd transportado pela água. Concluíram que a suplementação de 0,5 g de SO/kg de dieta pode reduzir o efeito nocivo do Cd transportado pela água nos peixes, tendo o SO reduzido significativamente os resíduos de Cd no corpo dos peixes. Abdel-Tawwab et al. (2010 a) avaliaram a resistência da tilápia da Galileia à toxicidade do Cu transportado pela água quando alimentada com levedura de padeiro viva. Verificaram que a inclusão de 10 g de levedura de padeiro/kg de dieta reduziu a absorção e a acumulação de Cu no corpo do peixe inteiro.

111.4. Suplemento de café para peixes

O café em grão, *Coffea Arabica*, é largamente consumido como bebida em todo o mundo e o seu efeito na saúde humana foi avaliado por muitos estudos que se centraram na sua atividade antioxidante, na qual contém muitas substâncias como a cafeína, o cafestol, o kahweol e os ácidos clorogénicos, que revelam grandes actividades antioxidantes (Pellegrini et al., 2003; Vinson et al., 2005). Além disso, a toma de um suplemento de café pode interagir com a toxicidade da poluição. Nesse sentido, Lacorte et al. (2013) afirmaram que a cafeína (principal componente do café) aumentou o sistema de defesa e reduziu a concentração de cádmio em todos os tecidos analisados.

111.4.1. Efeito da suplementação com café no desempenho dos peixes

Abdel-Tawwab et al. (2015) incluíram pó de café torrado (RCB) em uma dieta prática para carpa comum, onde cinco dietas foram formuladas para conter 0,0 (controle), 0,5, 1,0, 2,0 ou 5,0 g RCB/kg de dieta. Verificaram que o peso final dos peixes, o ganho de peso e a taxa de crescimento específico não foram significativamente ($P < 0,05$) afectados pela inclusão de RCB nas dietas até 1,0 *g/kg* de dieta, após o que o crescimento dos peixes diminuiu. O menor crescimento dos peixes foi obtido com as dietas de 2,0-5,0 g de *RCB/kg* (Tabela 22). Da mesma forma, Abdel-Tawwab (2015 b) encontrou resultados semelhantes quando alimentou tilápias do Nilo com dietas contendo RCB. A relação entre o peso final e os níveis de RCB foi melhor expressa pelas equações de regressão polinomial de segunda ordem (Figura 16).

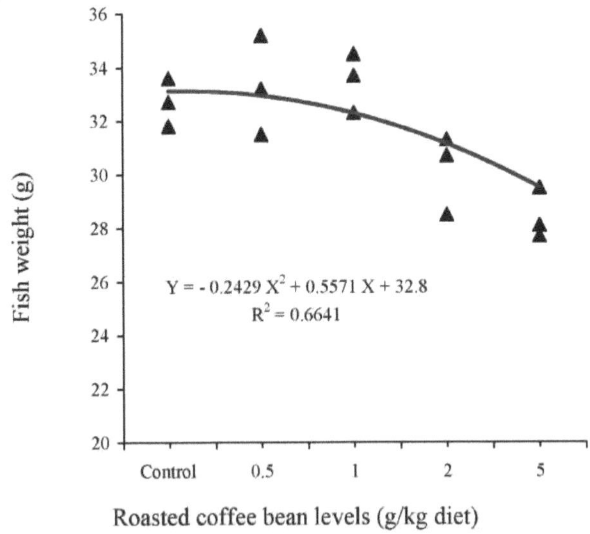

Figura 16 Relações entre o peso da carpa comum (g) e diferentes níveis de grãos de café torrados (RCB) em aquários de vidro (segundo Abdel-Tawwab et al., 2015).

Tabela 22. Desempenho do crescimento da carpa comum alimentada com dietas contendo diferentes níveis de grãos de café torrados durante 10 semanas (segundo Abdel-Tawwab et al., 2015)

Artigos	Níveis de grãos de café (g/kg de dieta)				
	Controlo (0,0)	0.5	1.0	2.0	5.0
Peso inicial (g)	10.3	10.1	10.2	10.2	10.2
	± 0.29	± 0.17	± 0.42	± 0.23	± 0.25
Peso final (g)	32.7 a	33.3 a	33.5 a	30.2 b	28.4 b
	± 0.52	± 1.07	± 0.64	± 0.85	± 0.55
SGR (%g/dia)	1.656 a	1.703 a	1.701 a	1,544 ab	1.465 b
	± 0.018	± 0.041	± 0.063	± 0.051	± 0.062
Consumo de alimentos	30.2 a	30.3 a	29.7 a	28,9 ab	27.8 b
(g de alimento/peixe)	± 0.36	± 0.47	± 0.93	± 0.44	± 0.35

FCR	1.33 b	1.31 b	1.30 b	1,46 ab	1.53 a
	± 0.026	± 0.061	± 0.036	± 0.053	± 0.068
Sobrevivência dos peixes (%)	96.7	96.7	96.7	96.7	93.3
	± 3.33	± 3.33	± 3.33	± 3.33	± 3.33

As médias com a mesma letra na mesma linha não são significativamente diferentes a $P < 0,05$.

Abdel-Tawwab et al. (2015) também relataram que os peixes alimentados com dietas contendo 2,0 - 5,0 g de *RCB/kg* de dieta consumiram menos alimentos do que os peixes nos outros tratamentos, resultando nas FCRs mais altas (1,46 e 1,53, respetivamente). Em contraste, os peixes alimentados com 0,0-1,0 RCB/kg *de* dieta consumiram aproximadamente a mesma quantidade de ração (29,7-30,3 g de ração/peixe), resultando numa TCA de 1,30-1,33 (Tabela 22).

Estes resultados sugerem que o atraso no crescimento a 2,0 - 5,0 g *RCB/kg* de dieta se deveu à redução do consumo e da utilização dos alimentos. Durante todo o período de alimentação, os peixes de todos os grupos experimentais estavam de boa saúde e não foram observadas mortalidades relacionadas com a dose. Isso indica que a carpa comum pode tolerar níveis de RCB de até 5,0 *g/kg* de dieta, embora com redução da taxa de crescimento e aumento da taxa de conversão alimentar. O efeito adverso de dietas enriquecidas com café no crescimento dos peixes foi relatado por Fagbenro e Arowosoge (1991), Moreau et al. (2003) e Ulloa e Verreth (2003). Abdel-Tawab (2015 b) constatou que a incorporação de RCB em dietas para peixes não melhorou o crescimento da tilápia do Nilo. Chatzifotis et al. (2008) relataram que a dourada, *Sparus aurata*, não aceitou uma dieta contendo cafeína a 10 *g/kg*, mas em doses <5 *g/kg* a cafeína parecia não ter efeito prejudicial.

O atraso no crescimento provocado pela BCR pode estar confinado aos peixes, uma vez que o tratamento crónico com cafeína em ratos não alterou os padrões de crescimento dos animais (Corradetti et al., 1986). Foi inferido que a cafeína presente na BCR, juntamente com os polifenóis e taninos, pode impedir o consumo de alimentos pelos peixes (Ulloa e Verreth, 2003), possivelmente devido ao seu sabor amargo (Mazzafera, 2002; Frank et al., 2004). Lamb e Finger (1995) verificaram que os peixes dourados (*Carassius auratus*) não gostavam de suplementos de cafeína em concentrações *superiores a 2*,5 mg, e Kasumyan e Dcving (2003) referiram que a cafeína inibia o comportamento alimentar do pregado, *Psetta maxima.*

111.4.2. Efeito da suplementação com café na composição corporal dos peixes

A suplementação de RCB afetou significativamente a composição do corpo inteiro do peixe apenas nos níveis mais altos de inclusão, resultando em menores teores de proteína e lipídios totais a 5,0 g de *RCB/kg* de dieta (Tabela 23). Abdel-Tawwab et al. (2015) verificaram que, à medida que os teores de proteínas e lípidos do corpo inteiro do peixe diminuíam com o aumento do nível de inclusão de RCB, o teor de cinzas aumentava. Resultados semelhantes foram encontrados por Abdel-Tawwab (2015 b) quando a tilápia do Nilo foi alimentada com dietas enriquecidas com RCB durante 8 semanas. Kobayashi- Hattori et al. (2005) relataram que a cafeína induziu a lipólise, reduzindo a gordura corporal em ratos alimentados com uma dieta rica em gordura. Em contrapartida, Chatzifotis et al. (2008) verificaram que a cafeína não consegue reduzir o teor de lípidos do músculo branco e do fígado da dourada.

Tabela 23. Análise aproximada da carpa comum (%; com base no peso seco) de carpas comuns alimentadas com dietas contendo diferentes níveis de grãos de café torrados durante 10 semanas (após Abdel-Tawwab et al., 2015).

Grão de café (g/kg de dieta)	Humidade	Proteína bruta	Lípidos totais	Cinzas totais
0.0	66.6±1.44	62.6±0.47 a	22.2±0.74 a	13.5±0.35 d
0.5	66.7±3.19	62.4±0.54 a	21,5±0,33 ab	14.8±0.22 d
1.0	67.9±2.28	60,7±1,45 ab	20,9±0,29 ab	16.6±0.65 c
2.0	67.2±4.54	60,6±0,52 ab	18.1±0.68 b	19.7±0.77 b
5.0	67.2±2.27	59.9±0.33 b	16.4±0.76 c	22.6±0.77 a

As médias seguidas pela mesma letra na mesma coluna não são significativamente diferentes a $P < 0,05$.

111.4.3. Efeito da suplementação com café na bioquímica dos peixes e na toxicidade do zinco

Abdel-Tawwab et al. (2015) alimentaram carpas comuns com dietas contendo RCB durante 10 semanas e expuseram-nas a 5,0 mg Zn/L durante 7 dias. Descobriram que, antes da exposição ao Zn, os níveis plasmáticos de glicose, proteína total e lípidos totais diminuíram significativamente, enquanto os níveis de AST, ALT, creatinina e ácido úrico aumentaram significativamente com o aumento dos níveis de RCB ($P >$ 0,05; Tabela 24 a). Estes resultados sugerem que a suplementação com RCB em níveis elevados afectou a saúde geral dos peixes. Em contraste com o presente estudo, Dugenci et al. (2003) relataram que o nível de proteína total no plasma da truta arco-íris aumentou significativamente após a alimentação dos peixes com vários extractos de ervas. Além disso, Abdel-Tawwab (2015 b), Abdel-Tawwab et al. (2010 a) e Ahmad et al. (2011) constataram uma melhoria na saúde dos peixes quando a tilápia do Nilo foi alimentada com dietas contendo diferentes níveis de ginseng americano, *Panax quinquefolium*, chá verde, *Camellia sinensis,* e canela, *Cinnamomum zeylanicum*, respetivamente. Além disso, a diminuição das proteínas e lípidos séricos resultaria quando os processos catabólicos excedessem os anabólicos para satisfazer as necessidades metabólicas acrescidas dos peixes.

Quadro 24 a. Alterações em alguns parâmetros bioquímicos sanguíneos da carpa comum alimentada com dietas contendo diferentes níveis de grãos de café torrados durante 10 semanas e exposta a 5,0 mg Zn/L durante 7 dias (segundo Abdel-Tawwab et al., 2015).

Grão de café (g/kg de dieta)	Glicose (g/L)	Total Proteína (g/L)	Lípidos totais (g/L)	AST (UI/L)	ALT (UI/L)	Creatinina Ácido úrico		Zn residual (mg/g de peso seco)
						(mg/L)	(mg/L)	
Antes de Zn 0,0	exposição 0.873 e ± 0.348	28.0 a ± 4.45	12.1 a ± 0.44	39.7 e ± 2.73	17.3 f ± 0.88	2.93 d ± 0.18	19.5 e ± 0.52	47.2 d ± 2.26
0.5	0.757 f ± 0.328	22.4 b ± 3.65	11,9 ab ± 0,35	41.7 e ± 2.19	17.7 f ± 1.53	3.17 d ± 0.15	20,3 cde ± 0,82	47.3 d ± 2.67
1.0	0,717 fg ± 0,176	21.8 b ± 1.64	11,7 ab ± 0,53	43.0 e ± 2.31	18,2 ef ± 1,53	3,23 cd ± 0,52	22,2 bcd ± 0,35	45.1 d ± 4.52
2.0	0.650 g ± 0.231	18.2 c ± 1.45	10,6 bc ± 0,81	48.0 d ± 3.79	18,5 ef ± 1,15	3.63 c ± 0.88	22.7 b ± 0.55	46.4 d ± 4.16
5.0	0.600 h ± 0.321	16.8 d ± 1.38	10.2 c ± 0.64	50.4 d ± 1.73	19.7 e ± 3.76	4.17 b ± 0.12	23.9 b ± 0.55	43.6 d ± 5.62

As médias seguidas pela mesma letra na mesma coluna não são significativamente diferentes a $P < 0,05$.

Além disso, Abdel-Tawwab et al. (2015) descobriram que após a exposição ao Zn, as variáveis bioquímicas e os resíduos de Zn nos peixes foram significativamente afetados pela suplementação com RCB, exposição ao Zn e suas interações ($P < 0,05$; Tabela 24 b). No entanto, o efeito do Zn foi mais grave nos peixes alimentados com uma dieta de controlo (sem RCB) do que nos alimentados com dietas enriquecidas com RCB. Os valores mais elevados de glicose (1,218 g/L), proteínas totais (18,5 g/L) e lípidos totais (9,9 g/L), enquanto os valores mais baixos de AST (66,0 UI/L), ALT (23,3 UI/L), creatinina (3,13 mg/L) e ácido úrico (20,1 mg/L) foram detectados em peixes de controlo intoxicados com Zn, em comparação com peixes toxicados com Zn e alimentados com RCB.

Quadro 24 a. Alterações em alguns parâmetros bioquímicos sanguíneos da carpa comum alimentada com dietas contendo diferentes níveis de grãos de café torrados durante 10 semanas e exposta a 5,0 mg Zn/L durante 7 dias (segundo Abdel-Tawwab et al., 2015).

Grão de café (g/kg de dieta)	Glicose (g/L)	Total Proteína (g/L)	Lipidos totais (g/L)	AST (UI/L)	ALT (UI/L)	Creatinina (mg/L)	Ácido úrico (mg/L)	Zn residual (mg/g de peso seco)
Após exposição ao Zn								
0.0	1.218 a ± 0.636	18.5 c ± 1.59	9.9 c ± 0.31	66.0 c ± 4.16	23.3 d ± 1.21	3.13 d ± 0.15	20,1 de ± 0,64	80.0 a ± 3.46
0.5	1,190 ab ± 0,292	13.0 e ± 1.99	9.3 d ± 0.52	67,7 bc ± 1,86	24.3 c ± 1.88	3,87 bc ± 0,12	22,8 bc ± 1,03	67.1 b ± 4.13
1.0	1.126 b ± 0.214	12.5 e ± 1.48	9.3 d ± 0.31	68.3 b ± 2.04	24,9 bc ± 1,53	4.10 b ± 0.31	23.3 b ± 0.58	61,5 bc ± 3,87
2.0	0.973 c ± 0.181	9.7 f ± 0.43	8.1 e ± 0.23	69.0 b ± 2.08	25.3 b ± 3.84	4.13 b ± 0.38	26.4 a ± 0.35	54,3 cd ± 5,11
5.0	0.914 d ± 0.169	5.7 g ± 0.20	7.8 e ± 0.88	75.7 s ± 2.33	28.7 a ± 4.41	5.40 a ± 0.55	27.8 a ± 1.61	47.2 d ± 2.26
Duas ANOVA	Valor *P*							
Nível do café	0.001	0.001	0.017	0.001	0.001	0.001	0.001	0.002
Exposição ao Zn	0.002	0.001	0.001	0.001	0.001	0.001	0. 001	0.001

Nível de café x exposição ao Zn	0.007	0.001	0.001	0.001	0.026	0.001	0.001	0.013

As médias seguidas pela mesma letra na mesma coluna não são significativamente diferentes a $P < 0,05$.

O elevado valor de glicose nos peixes de controlo intoxicados com Zn sugere uma suscetibilidade ao stress dos peixes contra a toxicidade do Zn. Esta hiperglicemia pode ser atribuída à glicogenólise mediada pelo cortisol ou à gluconeogénese (Mommsen et al., 1999). A resposta primária ao stress envolve o aumento do cortisol plasmático (Barton e Iwama, 1991; Barton, 2002). Esta hormona induz respostas secundárias ao stress, caracterizadas por um aumento dos níveis de glicose, mobilizando a glicose para os tecidos para a homeostase, para fazer face aos processos de restauração que exigem energia (Wendelaar Bonga, 1997; Barton et al., 2002). Além disso, Firat e Kargin (2010) encontraram um aumento da glucose devido à exposição a Zn, Cd e Zn + Cd na tilápia do Nilo. Abdel-Tawab et al. (2013) registaram um aumento da glucose na carpa comum devido à exposição ao Zn. Além disso, os valores de proteínas totais e de lípidos totais nos peixes de controlo intoxicados com Zn foram significativamente inferiores aos dos peixes não intoxicados. Estes resultados podem dever-se a perturbações nas vias metabólicas e à sua decomposição devido à toxicidade do Zn. Os valores elevados de AST, ALT, creatinina e ácido úrico observados nos peixes intoxicados com Zn podem ser atribuídos aos danos hepatocelulares e à insuficiência renal resultantes do efeito tóxico do Zn. Resultados semelhantes foram obtidos por Abdel-Tawwab et al. (2012, 2016) e (2013) quando a tilápia do Nilo e a carpa comum, respetivamente, foram expostas à toxicidade do Zn.

Nos peixes alimentados com dietas enriquecidas com RCB e expostos ao Zn, os valores de glicose, proteína e lípidos diminuíram significativamente, enquanto AST, ALT, creatinina e ácido úrico aumentaram significativamente com o aumento dos níveis de RCB nas dietas dos peixes ($P > 0,05$). Além disso, após a exposição ao Zn, os resíduos de Zn no corpo inteiro dos peixes diminuíram significativamente com o aumento dos níveis de RCB nas dietas dos peixes e o teor mais baixo de Zn foi detectado em peixes alimentados com 5,0 g de RCB/kg de dieta (47,2 mg Zn/g de peso seco). A relação entre os níveis de RCB na dieta e a acumulação diária de Zn no corpo inteiro dos peixes foi melhor expressa pelas equações de regressão polinomial de segunda ordem (Figura 17).

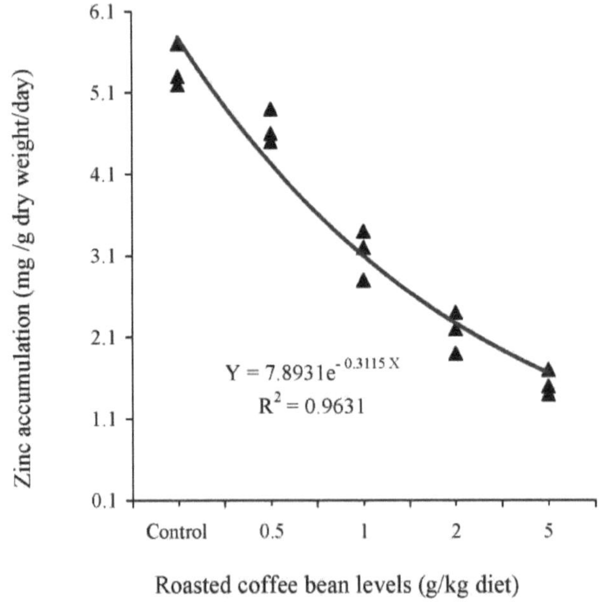

Figura 17 As relações entre a acumulação diária de Zn (mg/g de peso seco/dia) em todo o corpo da carpa comum e diferentes níveis de grãos de café torrados em aquários de vidro (após Abdel-Tawwab et al.,

2015).Estes resultados sugeriram que a suplementação com RCB pode ter desempenhado um papel na redução da toxicidade do Zn. No entanto, foi relatado que o café tem uma forte atividade antioxidante com uma elevada capacidade de eliminação de radicais superóxido (Pellegrini et al., 2003; Vinson et al., 2005). Por conseguinte, a RCB pode provavelmente proteger os peixes cultivados dos efeitos adversos dos tóxicos. Poder-se-ia sugerir que a RCB reduziu o nível de Zn através da quelação de iões metálicos, aumentando a excreção de metais e/ou diminuindo a absorção de metais. A este respeito, Abdel-Tawwab (2015 b) verificou que a suplementação com ginseng americano reduziu a toxicidade do Cu na tilápia do Nilo.

Em estudos semelhantes, Taoka et al. (2006 a) verificaram que a solha-das-pedras-japonesa, *P. olivaceus*, alimentada com probióticos, podia tolerar a exposição ao ar e ao stress térmico, resultando numa sobrevivência significativamente mais elevada nos grupos tratados com probióticos do que no grupo de controlo. Abdel-Tawwab et al. (2007) investigaram o efeito da suplementação com SO na resistência do peixe-gato africano à toxicidade do Cu. Verificaram que a suplementação de 0,3 g de SO/kg de dieta podia reduzir significativamente os resíduos de Cu no corpo do peixe. Abdel-Tawwab e Wafeek (2010) avaliaram a resistência da tilápia do Nilo alimentada com uma dieta suplementada com SO à toxicidade do Cd transportado pela água. Concluíram que a suplementação de 0,5 g de SO/kg de dieta pode reduzir o efeito nocivo do Cd transportado pela água nos peixes, tendo o SO reduzido significativamente os resíduos de Cd no corpo dos peixes. Abdel-Tawwab et al. (2010 a) avaliaram a resistência da tilápia da Galileia à toxicidade do Cu transportado pela água quando alimentada com levedura de padeiro viva. Verificaram que a inclusão de 10 g de levedura de padeiro/kg de dieta reduziu a absorção e a acumulação de Cu no corpo inteiro do peixe.

111.4.4. Efeito da suplementação com café na imunidade inata dos peixes

A explosão respiratória e a atividade da lisozima têm papéis importantes no sistema de defesa imunitária não específica (Grinde, 1989; Ellis, 1990). Verifica-se que a suplementação com RCB melhorou ligeiramente a imunidade inata dos peixes (Figuras 18-19). No entanto, a atividade da explosão respiratória e da lisozima aumentou significativamente com o aumento dos níveis de RCB. Estes resultados sugerem que a RCB tem uma atividade anti-oxidante, talvez devido aos antioxidantes fenólicos (i.e. ácido clorogénico) que ocorrem naturalmente no café (Delgado-Andrade e Morales, 2005).

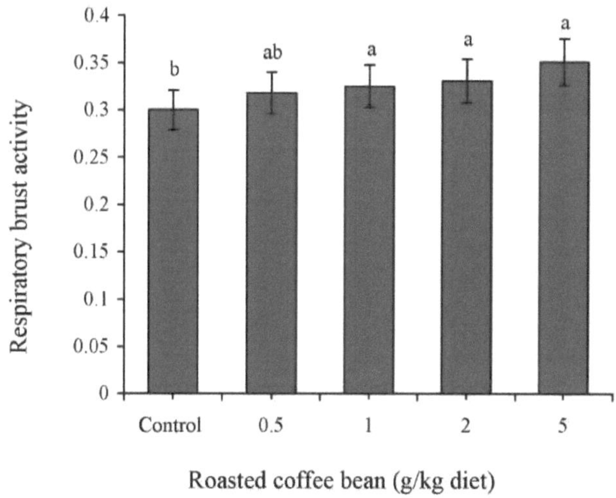

Figura 18. Atividade respiratória das tilápias do Nilo alimentadas com diferentes níveis de grãos de café torrados e moídos em aquários de vidro durante 10 semanas. As mesmas barras assinaladas com a mesma letra não diferem significativamente entre si a $P < 0,05$.

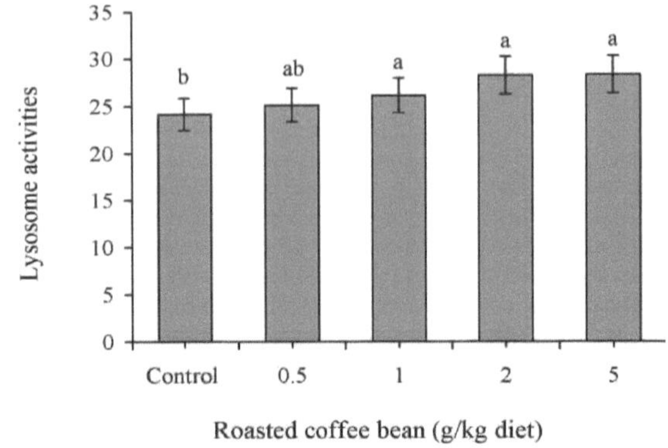

Figura 19. Atividade da lisozima (unidade/mg de proteína) das tilápias do Nilo alimentadas com diferentes níveis de grãos de café torrados e moídos em aquários de vidro durante 10 semanas. As mesmas barras assinaladas com a mesma letra não diferem significativamente entre si a $P < 0,05$.

III.5. Suplemento de curcuma aos peixes

A *curcuma*, *Curcuma longa* L., pertence à família Zingiberaceae e é uma das plantas medicinais mais importantes em todo o mundo, contendo muitos compostos como a curcumina, a turmerona, os curcuminóides, a turmerona, a arturmerona e o zingibereno, que têm actividades antioxidantes (Ruby et al., 1995; Selvam et al., 1995). Estudos recentes revelaram que a curcuma apresenta uma vasta gama de efeitos farmacológicos, tais como antioxidante, antitumoral, anti-inflamatório, hepatoprotector, antimutagénico, antiangiogénico, imunomodulador, antimicrobiano, agente anticancerígeno e cicatrizante (Prasad e Aggarwal, 2011).

111.5.1. Efeito da suplementação com curcuma no desempenho dos peixes

Abdel-Tawwab e Abbass (2016) alimentaram a carpa comum com dietas práticas contendo açafrão em pó (TP) a uma taxa de 0,0 (controlo), 1,0, 2,0 ou 5,0 g TP/kg de dieta durante 10 semanas. Eles descobriram que o desempenho dos peixes indicado pelo peso final dos peixes, ganho de peso %, e SGR aumentou significativamente ($P < 0,05$) com o aumento dos níveis de TP até 2,0 - 5,0 g/kg de dieta, enquanto o menor crescimento dos peixes foi obtido no grupo de controlo (Tabela 25). A relação entre o peso final dos peixes na dieta e os níveis de TP foi melhor expressa pela equação de regressão polinomial de segunda ordem (Figura 20).

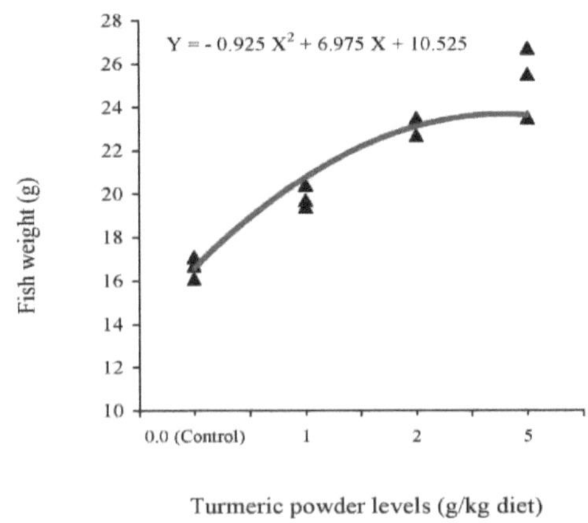

Figura 20 Peso final (g) da carpa comum alimentada com níveis crescentes de açafrão-da-terra em pó durante 10 semanas (segundo Abdel-Tawwab e Abbass, 2016).

A curva de regressão mostrou que o nível de TP mais adequado para o crescimento ótimo dos peixes foi de

2,0 g/kg de dieta (Figura 20). Além disso, os peixes alimentados com dietas contendo 5,0 g de TP/kg consumiram mais dieta (29,6 ± 0,24 g de ração/peixe) do que os outros tratamentos; entretanto, não foi observada nenhuma mudança significativa no valor da FCR e sua variação foi de 1,22 ± 0,022 - 1,25 ± 0,041. Não foram observadas alterações significativas no PER e na utilização de proteínas devido à suplementação com TP. A ingestão de energia aumentou significativamente ($P < 0,05$) com o aumento dos níveis de TP nas dietas e a maior ingestão de energia foi observada em peixes alimentados com 5,0 g de TP/kg de dieta. Por outro lado, não foram observadas alterações significativas na utilização de energia e a sua variação foi de 26,4 ± 1,26 - 27,0 ± 1,82 % ($P > 0,05$; Tabela 25).

Tabela 25. Desempenho de crescimento e utilização de alimentos da carpa comum alimentada com dietas contendo diferentes níveis de açafrão em pó durante 10 semanas (após Abdel-Tawab e Abbass, 2016).

Artigos	Níveis de curcuma em pó (g/kg de dieta)			
	0,0 (Controlo)	1.0	2.0	5.0
Peso inicial (g)	1.3±0.06	1.4±0.06	1.4±0.07	1.5±0.12
Peso final (g)	16.6±0.29 d	19.8±0.30 c	23.2±0.27 b	25.2±0.93 a
SGR (%g/dia)	3.64±0.077 b	3,78±0,056 ab	4.01±0.045 a	4.03±0.131 a
Consumo de alimentos	19.5±0.91 d	22.5±0.57 c	27.0±0.26 b	29.6±0.24 a
(g de alimento/peixe) FCR	1.27±0.031	1.22±0.022	1.24±0.053	1.25±0.041
PER	2.78±0.062	2.92±0.054	2.86±0.013	2.79±0.091
PU (%)	43.6±0.062	43.9±1.91	44.2±1.29	44.2±1.35
UE (%)	26.8±0.58	27.0±1.82	26.4±1.26	26.6±1.32

Sobrevivência dos peixes (%)	97.8±2.23	100.0±0.00	100.0±0.00	97.8±2.33

As médias com a mesma letra na mesma linha não são significativamente diferentes a $P < 0,05$.

A inclusão de TP na dieta dos peixes pode melhorar a digestão da dieta e a digestibilidade dos nutrientes, levando a uma melhor utilização dos mesmos, o que, por sua vez, melhoraria o crescimento dos peixes e a utilização dos alimentos. Além disso, o TP pode inibir potenciais agentes patogénicos no trato digestivo, pode aumentar a população de microrganismos benéficos e/ou pode aumentar as actividades enzimáticas microbianas que, consequentemente, melhoram a digestibilidade dos alimentos e a absorção dos nutrientes. A este respeito, Prasad e Aggarwal (2011) referiram que a curcuma é um estimulante digestivo que aumenta favoravelmente as actividades de enzimas digestivas como a lipase, a quimotripsina e a amilase. Os resultados obtidos concordam com os obtidos por Sahu et al. (2008), que referiram que as dietas suplementadas com TP melhoraram significativamente o desempenho de crescimento do rohu, *Labeo rohita*, e o seu crescimento ótimo foi obtido com 1,0 g de TP/kg de dieta.

Mahmoud et al. (2014) concluíram que a suplementação de 0,5% de cúrcuma melhorou o desempenho de crescimento da tilápia do Nilo.

Num estudo semelhante, Jian e Wu (2004) observaram que a medicina tradicional chinesa formulada a partir da raiz de astragalus (*Radix astragalin seu Hedysari*) e da raiz de angélica chinesa (*R. Angelicae Sinensis*) numa proporção de 5:1 (w/w) teve efeitos benéficos no crescimento e na prevenção e tratamento de doenças comuns na carpa comum. Goda (2008) verificou que a suplementação da dieta com ginsana, *Panax ginseng*, melhorou significativamente o crescimento da tilápia do Nilo e a utilização dos alimentos. Abdel-Tawwab et al. (2010 b), Ahmad e Abdel-Tawwab (2011) e Abdel-Tawwab (2012 b) verificaram que a suplementação de dietas com chá verde, *Camellia sinensis* L., sementes de alcaravia, *Carum carvi* L., e ginseng americano, *P. quinquefolium,* respetivamente, melhorou significativamente o crescimento da tilápia do Nilo e a utilização dos alimentos.

111.5.2. Efeito da suplementação com curcuma na composição corporal dos peixes

Abdel-Tawwab e Abbass (2016) não encontraram alterações significativas na composição corporal da carpa comum devido à inclusão de TP na dieta dos peixes ($P > 0,05$; Tabela 26). Resultados semelhantes foram observados por Goda (2008), que não encontrou nenhum efeito significativo dos níveis de ginseng na dieta sobre a análise de corpo inteiro da tilápia do Nilo. Por outro lado, Hwang et al. (2013) investigaram o efeito de dietas suplementadas com 0, 1, 3 e 5 % de TP na composição corporal do peixe-pedra preto, *Sebastes schlegeli* e descobriram que a suplementação com TP diminuiu o teor de lípidos brutos e aumentou o teor de proteínas brutas e cinzas no corpo do peixe. Mahmoud et al. (2014) verificaram que a suplementação com curcuma afectou significativamente os constituintes corporais da tilápia do Nilo; no entanto, a proteína bruta aumentou significativamente, enquanto o lípido total diminuiu significativamente com o aumento do TP nas dietas.

Em estudos semelhantes, Abdel-Tawwab et al. (2010 b) e Abdel-Tawwab (2012 b) verificaram que a suplementação de dietas com chá verde e ginseng americano diminuiu significativamente o teor de lípidos e aumentou significativamente o teor de proteínas e cinzas no corpo da tilápia do Nilo. Ahmad e Abdel-Tawwab (2011) verificaram que os lípidos aumentaram significativamente, enquanto o teor de cinzas diminuiu significativamente com o aumento dos níveis de cominho nas dietas dos peixes. Geralmente, as alterações nos teores de proteínas e lípidos no corpo dos peixes podem estar relacionadas com alterações na sua síntese, na taxa de deposição no músculo e/ou na taxa de crescimento diferente (Smith, 1981; Fauconneau, 1985; Abdel-Tawwab et al., 2006).

Tabela 26. Análise química aproximada (%; com base no peso fresco) do corpo inteiro da carpa comum alimentada com dietas contendo diferentes níveis de curcuma em pó durante 10 semanas (após Abdel-Tawwab e Abbass, 2016).

Artigos	Níveis de curcuma em pó (g/kg de dieta)			
	0,0 (Controlo)	1.0	2.0	5.0

Humidade	72.5±0.31	73.1±0.29	73.2±0.30	72.9±0.27
Proteína bruta	15.5±0.22	14.9±0.35	15.3±0.48	15.7±0.21
Extrato etéreo	5.6±0.03	5.5±0.23	5.2±0.07	5.3±0.10
Cinzas totais	5.8±0.07	6.0±0.15	5.8±0.15	5.8±0.12

20.5.3. Efeito da suplementação com curcuma na imunidade inata dos peixes

Abdel-Tawwab e Abbass (2016) verificaram que a suplementação com TP estimulou a imunidade inata expressa pelos valores de NBT e pela atividade lisozimática; os seus valores mais elevados foram obtidos com 5,0 g/kg de dieta, enquanto os valores mais baixos foram obtidos no grupo de controlo. As relações entre os níveis de TP da dieta e os valores de NBT e a atividade lisozimática foram melhor expressas pela seguinte regressão (Figuras 21-22).

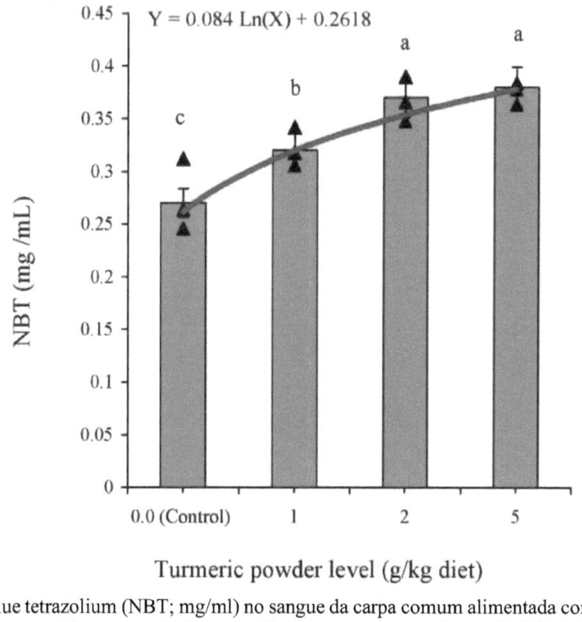

Figura 21 O nitroblue tetrazolium (NBT; mg/ml) no sangue da carpa comum alimentada com níveis crescentes de açafrão em pó durante 10 semanas. As barras atribuídas com a mesma letra não diferem significativamente a $P < 0,05$ (após Abdel-Tawab e Abbass, 2016).

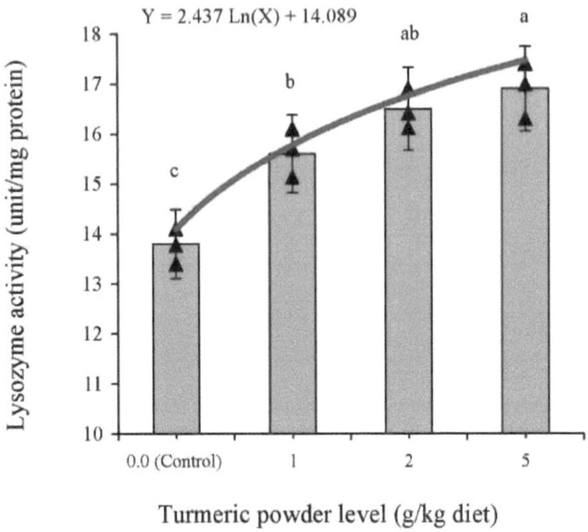

Figura 22 A atividade da lisozima plasmática (unidade/mg de proteína) na carpa comum alimentada com níveis crescentes de açafrão em pó durante 10 semanas. As barras atribuídas com a mesma letra não diferem significativamente a $P < 0,05$ (após Abdel-Tawwab e Abbass, 2016).

Além disso, afirmaram que a mortalidade dos peixes após a injeção IP com *A. hydrophila* aumentou significativamente ($P < 0,05$) com o aumento do tempo e a mortalidade máxima foi obtida 5 dias após a injeção da bactéria, após o que não foi observada qualquer mortalidade (Figura 23). A relação entre a mortalidade cumulativa dos peixes e os níveis de TP da dieta após o desafio bacteriano durante 10 dias foi melhor expressa pela equação de regressão polinomial de segunda ordem (Figura 24).

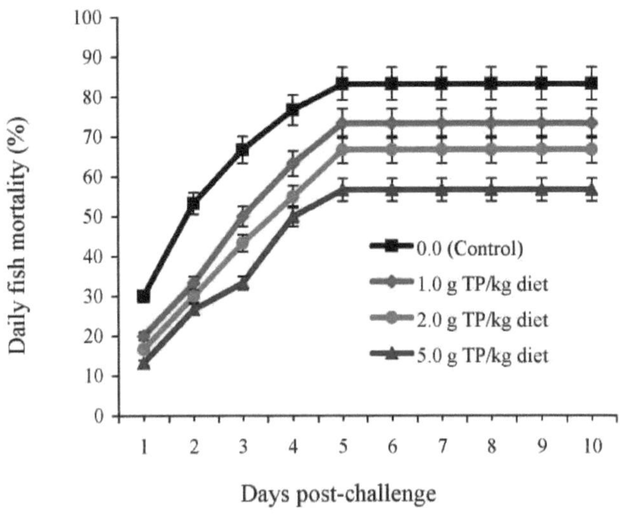

Figura 23 Mortalidade diária dos peixes (%) de carpa comum alimentada com níveis crescentes de curcuma em pó durante 10 semanas e pós-desafio com infeção por *A. hydrophila* durante 10 dias.

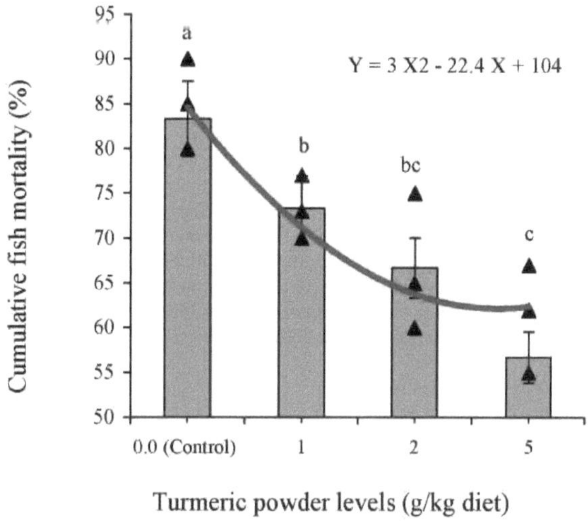

Figura 24 A mortalidade cumulativa (%) da carpa comum alimentada com níveis crescentes de açafrão em pó durante 10 semanas e pós-desafio por infeção por *Aeromonas hydrophila* durante 10 dias. As barras atribuídas com a mesma letra não diferem significativamente a $P < 0,05$ (após Abdel-Tawab e Abbass, 2016).

A resistência dos peixes à infeção patogénica por *A. hydrophila*, os valores de NBT e lisozima aumentaram com o aumento dos níveis de TP na dieta; entretanto, a imunidade inata mais baixa foi observada em peixes alimentados com a dieta de controlo (Abdel-Tawwab e Abbass, 2016). Estes resultados podem dever-se ao facto de o TP ter fortes propriedades antimicrobianas e poder inibir a ocorrência de *A. hydrophila*. A este respeito, Mahmoud et al. (2014) verificaram que a suplementação com curcuma protegeu a tilápia do Nilo contra a bactéria patogénica *Pseudomonas fluorescens*. Além disso, estudos bacteriológicos descobriram que a curcuma podia inibir o crescimento de bactérias produtoras de histamina (*Vibrio parahaemolyticus*, *Bacillus cereus*, *Pseudomonas aeruginosa* e *Proteus mirabilis*) (Paramasivam et al., 2007), o patogénico alimentar *V. parahaemolyticus* (Yano et al., 2006) e o crescimento de diferentes estirpes de *Helicobacter pylori* (Mahady et al., 2002).

Da mesma forma, Sahu et al. (2008) descobriram que a alimentação com TP pode manter a proteção a longo prazo em peixes, elevando o sistema imunitário inespecífico e os seus resultados mostraram que o TP numa dose de 1,0 g/kg de dieta durante 60 dias proporcionou a maior proteção contra a infeção por *A. hydrophila*. Em estudos semelhantes que utilizaram outras ervas, Abdel-Tawwab et al. (2010 b) e Abdel-Tawwab (2012 b) descobriram que a suplementação de dietas com chá verde e ginseng americano aumentou a resistência da tilápia do Nilo contra a infeção por *A. hydrophila*. Harikrishnan et al. (2010 b) trataram o peixe dourado *Carassius auratus infetado* com *A. hydrophila* com uma mistura aquosa de ervas obtida a partir de três plantas medicinais (neem, tulsi e curcuma) e examinaram as alterações histopatológicas e de recuperação nos tecidos do músculo lateral, brânquias, fígado e coração. Verificaram que o tratamento de imersão com a mistura (tratamento de imersão com mistura de ervas a 1% durante 5 min/d diariamente às 1100 h) restaurou a histoarquitectura dos tecidos alterados dos peixes.

O mecanismo de imunoestimulação da TP dietética ainda não é claro, mas pode ser atribuído aos seus constituintes, especialmente à curcumina, que têm poderosas actividades antioxidantes e imunomoduladoras naturais (Sankar et al., 2010; Tilak et al., 2004). A ação imunomoduladora da curcumina pode ser atribuída ao seu efeito em várias facetas da resposta imunitária, incluindo o seu efeito nas populações de células linfóides, na apresentação de antigénios, na imunidade humoral e mediada por células e na produção de citocinas (Gautam et al., 2007; Varalakshmi et al., 2008).

Capítulo 4

4 . Suplementação de alimentos com nanopartículas para peixes

A nanotecnologia, ou, como alguns preferem, as nanotecnologias, foi definida pela Iniciativa Nacional de Nanotecnologia dos EUA (NNI) como "a compreensão e o controlo de materiais com dimensões de cerca de 1 a 100 nm, onde fenómenos únicos permitem novas aplicações" (NNI, 2007). No entanto, novas técnicas de engenharia química produziram nanomateriais, e a aplicação destes materiais em produtos e processos é conhecida como nanotecnologia. A nanotecnologia está a receber mais atenção na última década devido à sua promessa de melhorar a alimentação e a agricultura através de múltiplas aplicações e produtos. As propriedades especiais dos nanomateriais incluem maior penetrabilidade, reatividade, área de superfície e propriedades quânticas devido ao seu tamanho. Estas propriedades podem permitir a utilização de menos material e reacções químicas e físicas novas ou mais eficientes em comparação com materiais de maior dimensão. No entanto, as nanopartículas e os seus efeitos na saúde e no ambiente suscitam preocupação pelas mesmas razões, na medida em que pode ocorrer uma maior toxicidade e penetração nos sistemas biológicos (Oberdorster et al., 2005; Maynard, 2007).

IV.1. Nano-metais na alimentação dos peixes

Está bem estabelecido que os peixes têm necessidades nutricionais essenciais em termos de metais vestigiais (por exemplo, cobre, zinco e ferro; Bury et al., 2003) e que alguns metais vestigiais são "não essenciais", sem qualquer papel biológico conhecido ou importante (por exemplo, mercúrio e prata). Os nanomateriais artificiais são constituídos por numerosas formas físicas diferentes. É evidente que estes novos materiais podem incluir partículas feitas de diferentes tipos de metais, incluindo metais que são considerados tóxicos na forma dissolvida tradicional (por exemplo, Ag, Hogstrand e Wood, 1998; Cu, Handy, 2003; Zn, Hogstrand e Wood, 1996).

Por conseguinte, é importante determinar se as formas "nano" alternativas dos metais também são tóxicas. Por conseguinte, é provável que os nanomateriais já estejam a ser libertados no ambiente (Owen e Handy, 2007; Ju-Nam e Lead, 2008; Gottschalk et al., 2009). As técnicas de modelização previram concentrações baixas de iig/L de NPs no ambiente a longo prazo (Boxall et al., 2007), o que foi confirmado por medições no terreno para, pelo menos, um nanometal (TiO2, Kaegi et al., 2008). É evidente que o risco ambiental das NPs, e especialmente dos nanometais, tem de ser abordado.

IV.1. 1. Exposição alimentar a nano-metais

Há muito pouca informação sobre os efeitos sub-letais da exposição alimentar a nanometais em peixes (Ramsden et al., 2009). Nos ratos, podem ser observados efeitos tóxicos agudos (frequentemente após uma única gavagem de doses de mg de nanometal). Por exemplo, Chen et al. (2006) verificaram que o nano-Cu provocou algumas patologias nos rins, baço e fígado, algumas das quais foram classificadas como graves ou "mortalmente graves". Wang et al. (2006) observaram sintomas graves de letargia, com vómitos e diarreia nos primeiros dias, em ratos expostos oralmente a zinco em nanoescala. Ocorreram duas mortes após a primeira semana, com ambos os animais a apresentarem agregações de partículas de Zn no intestino (Wang et al., 2006). Num estudo realizado por Wang et al. (2007), não se observou toxicidade aguda em ratos expostos a partículas de TiO2 de tamanho nanométrico (25 ou 80 nm) ou fino (155 nm) por gavagem oral única. No entanto, foram registadas alterações nos parâmetros bioquímicos séricos e na patologia celular dos hepatócitos.

No único estudo detalhado de toxicidade nutricional de nanometais em trutas, Ramsden et al. (2009) não observaram qualquer impacto no crescimento ou no desempenho nutricional, mas algumas alterações nos níveis de Cu e Zn no cérebro, juntamente com uma inibição de 50% da atividade Na /K^{++} -ATPase do cérebro. Durante a experiência, foram também observadas reduções estatisticamente significativas de TBARS nas brânquias e no intestino, em comparação com o controlo, embora não tenham sido observadas alterações no pool total de glutatião. Estes dados apoiam a noção de que os nanometais podem produzir efeitos tóxicos subtis semelhantes aos dos sais metálicos na alimentação, sem comprometer o crescimento. Nomeadamente, Ramsden et al. (2009) compararam os seus resultados para as NPs de TiO2 com o perigo conhecido de outros metais e argumentaram que, com base em efeitos sub-letais sem inibição do crescimento, o perigo alimentar das NPs de TiO2 era semelhante ao do mercúrio em doses orais equivalentes.

Os principais órgãos-alvo da via de exposição alimentar e a questão de saber se os nanometais se acumularão ou não na carne comestível dos peixes, de modo a representar um risco para a saúde humana, continuam por estabelecer. As eficiências de absorção de metais essenciais variam entre cerca de 30 e 70% na dieta dos peixes (Handy, 1996), embora os valores para metais tóxicos não essenciais possam ser apenas de alguns por cento ou menos da dose oral total (por exemplo, Cd, Franklin et al., 2005). Não existem dados sobre a eficiência da absorção alimentar de nanometais em peixes (ou roedores), mas os dados de Ramsden et al. (2009) sugerem que a absorção de NPs de TiO2 será de alguns % da dose total e com órgãos-alvo semelhantes aos de outros metais alimentares. Os efeitos dos nanometais na química luminal do intestino e a disponibilidade de nutrientes do lúmen intestinal são desconhecidos, assim como os efeitos dos nanometais na função intestinal. No entanto, o consumo de água contaminada pode resultar numa erosão grave do epitélio intestinal em trutas (TiO2 NPs, Federici et al., 2007). Este efeito não foi observado com a exposição dietética através dos alimentos (Ramsden et al., 2009), sugerindo que a presença de alimentos ou de matéria orgânica no lúmen intestinal terá efeitos protectores sobre a toxicidade oral de algumas NPs em peixes.

IV.1. 2. Suplementação de nano-metais nos peixes

Durante as duas últimas décadas, as aplicações de nanopartículas metálicas (NPs) têm sido orientadas para o desenvolvimento de agentes terapêuticos com diferentes bioactividades, tais como antimicrobianos, cicatrizantes e anticancerígenos. Uma vez que os materiais à dimensão nanométrica apresentam propriedades inovadoras (Thulasi et al., 2013), os nanometais, enquanto nova forma de metais, têm atraído a atenção dos investigadores. Estão agora a surgir dados sobre os efeitos dos nanometais nos peixes e, embora o conjunto de dados seja limitado e haja muita investigação a fazer, há uma indicação de que as formas nanométricas podem não ser tão agudamente tóxicas como as formas dissolvidas (Shaw e Handy, 2011). Nanopartículas metálicas como cobre (Cu), ouro (Au) e prata (Ag) têm sido amplamente testadas quanto às suas propriedades biológicas (Mallick et al., 2012).

Uma vez que os materiais à dimensão nanométrica apresentam propriedades novas (Wang et al., 2007), o nano-Se, como nova forma de Se, tem atraído a atenção. O suplemento de nano-selénio na dieta basal pode melhorar o desempenho do crescimento, as actividades antioxidantes e a concentração de Se no músculo da carpa cruciana, *Carassius auratus gibelio*, e o nano-Se parece ser mais eficaz do que a selenometionina orgânica no aumento do teor de selénio no músculo (Zhou et al., 2009). Ashouri et al. (2015) avaliaram os efeitos de diferentes doses de nano-Se no desempenho do crescimento, na conversão alimentar, na composição dos tecidos, na acumulação de Se no músculo e no fígado, na resposta antioxidante e nos parâmetros bioquímicos sanguíneos da carpa comum, *Cyprinus carpio*, em que o nano-Se foi adicionado às dietas experimentais basais nas taxas de 0,0 (controlo), 0,5, 1,0 e 2,0 mg/kg de dieta durante 8 semanas. Os autores relataram que os peixes que foram alimentados com uma dieta suplementada com 1 mg Se/kg apresentaram um crescimento melhorado. Além disso, verificaram que os peixes alimentados com dietas contendo nano-Se apresentavam um teor mais elevado de Se nos tecidos muscular e hepático do que os peixes alimentados com a dieta de controlo.

El Basuini et al. (2016) avaliam os efeitos das nanopartículas de cobre (Cu-NPs) ou sulfato de cobre (CuSO4) na dieta sobre o desempenho do crescimento, perfis bioquímicos sanguíneos, estado antioxidante e resposta imune do goraz, *Pagrus major*, que alimentou dietas contendo CuSO4 ou 2, 4, 6 ou 8 mg de Cu suplementar como NPs. Eles descobriram que, com o aumento dos níveis de nano-Cu na dieta, o crescimento dos peixes aumentou significativamente nos níveis de < 4 mg de nano-Cu / kg de dieta, após o que o crescimento diminuiu. Além disso, o maior teor de Cu em todo o corpo, a atividade da protease e a atividade da lisozima foram encontrados em peixes alimentados com 2 mg Cu-NPs/kg de dieta. Além disso, os peixes alimentados com dietas suplementadas com Cu-NPs a 2 e 4 mg/kg estavam em melhores condições, ao passo que os peixes alimentados com a dieta de controlo apresentavam condições oxidativas comparativamente mais elevadas. A melhoria do desempenho do crescimento e da utilização dos alimentos obtida no presente estudo pode também dever-se ao facto de as partículas de tamanho nano poderem ser facilmente absorvidas e utilizadas no sistema do animal hospedeiro, aumentando a biodisponibilidade, pelo que são mais eficazes do que as de tamanho maior em doses mais baixas (Feng et al., 2009). Resulta numa melhor interação com outras substâncias orgânicas e inorgânicas devido à sua maior área de superfície in vivo (Zaboli et al., 2013).

Por outro lado, a redução do crescimento a níveis elevados de Cu na dieta (4 mg nano-Cu/kg de dieta) pode dever-se a uma possível toxicidade induzida pela exposição ao Cu na dieta (Damasceno et al., 2016). Alguns investigadores atribuíram essas reduções no crescimento ao resultado de um menor consumo de ração de dietas contendo níveis elevados de Cu. Da mesma forma, Wang et al. (2014) relataram que a garoupa, *Epinephelus coioides*, alimentada com dietas suplementadas com $CuSO_4$ ou Cu-NPs a 20 iig ou 100 iig Cu/L de água de criação, apresentou menor crescimento do que os peixes alimentados com a dieta basal. A redução do consumo de ração ocorreu em peixes alimentados com níveis elevados de Cu-NPs, quando os peixes mordiam as pastilhas e depois as cuspiam ou simplesmente não comiam a dieta.

IV.2. Suplementação de alimentos com nanopartículas para peixes

As nanopartículas têm uma área de superfície maior do que as partículas grandes, o que produz uma maior pressão de dissolução com um aumento correspondente da solubilidade de saturação (Müller e Böhm, 1998). A formulação de nanopartículas proporciona uma base para melhorar a biodisponibilidade oral e a eficácia terapêutica dos suplementos alimentares e de outros medicamentos pouco solúveis (Jia, 2005). Vários relatórios sugerem que as nanopartículas de quitosano (CSNPs) têm um efeito imunitário (Wen et al., 2011), uma atividade anticancerígena (Qi et al., 2004) e uma atividade antimutagénica (Yu et al., 2007) superiores às da própria CS. Além disso, Abdel-Wahhab et al. (2016) relataram que os CSNPs conseguiram neutralizar os efeitos tóxicos da ocratoxina A no peixe-gato africano, *C. gariepinus*, e também afirmaram que os CSNPs são uma alternativa promissora para melhorar a solubilidade do CS e aumentar sua atividade antioxidante.

Barakat et al. (2016) estudaram o potencial antibacteriano das nanopartículas de quitosana-prata de squilla preparadas e o seu efeito protetor nas larvas de robalo, *Dicentrarchus labrax,* nas fases iniciais, contra a bactéria patogénica *Vibrio angularium*, em que diferentes concentrações de quitosana de squilla (Csq) e nanopartículas de quitosana-prata de squilla (Csq-AgNps) (1, 2, 5, 10 e 20 %) foram testadas in vitro contra *V. anguillarum.* Verificaram que 5% de Csq-AgNps encapsuladas eram suficientes para suprimir a infeção e foram consideradas como uma alternativa aos antibióticos no controlo de agentes patogénicos virulentos dos peixes.

Dananjaya et al. (2016) investigaram a função antibacteriana de nano compósitos de quitosano-prata (CSAgNCs) contra a bactéria patogénica de peixes *Aliivibrio salmonicida.* Revelaram que os CSAgNCs podem inibir o crescimento da *A. salmonicida* através da fixação de AgNPs na superfície da bactéria, gerando stress oxidativo e causando uma degradação extensiva do ADN que pode inibir a expressão e a produção de proteínas bacterianas, levando à morte celular bacteriana. Além disso, os resultados de Dananjaya et al. (2016) provaram que as CSAgNCs não eram tóxicas para o peixe-zebra (*Danio rerio*) a 12,5 mg/kg de peso corporal/dia como ingrediente alimentar e para as células do testículo da dourada (*Oplegnathus fasciatus*) até 50 pg/pL.

REFERÊNCIAS

Aachary, A.A. e Prapulla, S.G. (2011). Xilooligossacarídeos (XOS) como um prebiótico emergente: síntese microbiana, utilização, caraterização estrutural, propriedades bioactivas e aplicações. Comprehensive Reviews in Food Science and Food Safety 10: 2-16.

Abd El Hakim, N.F., Ahmad, M.H., Azab, E.S., Lashien, M.S., e Baghdady, E.S. (2010). Resposta da tilápia do Nilo, *Oreochromis niloticus*, a dietas suplementadas com diferentes níveis de farinha de sementes de funcho (*Foeniculum vulgare*). Abbassa International Journal of Aquaculture 3: 215-230.

Abd El-Baky, H.H., El-Baz, F.K., e El-Baroty, G.S. (2004). Produção de antioxidantes pela alga verde *Dunaliella salina*. Jornal Internacional de Agricultura e *Biologia* 6: 49-57.

Abd El-Latif, S.A., El-Yamany, A.T., e Edaly, A.F. (2004). Avaliação da utilização de diferentes níveis e fontes de ervas medicinais em dietas para codornizes japonesas em crescimento. Egyptian Journal of Nutrition and Feeds 7: 69 - 81.

Abd El-Rhman, A.M., Khattab, Y.A.E., e Shalaby, A.M.E. (2009). *Micrococcus luteus* e espécies de *Pseudomonas* como probióticos para promover o desempenho do crescimento e a saúde da tilápia do Nilo, *Oreochromis niloticus.* Fish and Shellfih Immunology 27: 175-180.

Abdel-Tawwab, M. (2012 a). Efeitos interactivos da proteína da dieta e da levedura de padaria viva, *Saccharomyces cerevisiae*, no desempenho do crescimento de alevins de tilápia do Nilo, *Oreochromis niloticus* (L.) e no seu desafio contra a infeção por *Aeromonas hydrophila.* Aquaculture International 20: 317-331.

Abdel-Tawwab, M. (2012 b). O uso de ginseng americano (*Panax quinquefolium*) em dieta prática para tilápia do Nilo (*Oreochromis niloticus*): Desempenho de crescimento e desafio com *Aeromonas hydrophila.* Jornal de Aquacultura Aplicada 24: 366-376.

Abdel-Tawwab, M. (2015 a). O uso do ginseng americano (*Panax quinquefolium*) em dietas práticas para a tilápia do Nilo (*Oreochromis niloticus*): resistência à toxicidade do cobre na água. Aquaculture Research 46: 1001-1006.

Abdel-Tawwab, M. (2015 b). A incorporação de grãos de café torrados em dietas de tilápia do Nilo não melhora o desempenho do crescimento. Jornal de Aquacultura Aplicada 27: 8793.

Abdel-Tawwab, M. e Abbass F.E. (2016). Açafrão em pó, *Curcuma longa* L., em carpa comum, *Cyprinus carpio* L., dietas: desempenho de crescimento, imunidade inata e desafio contra a infeção patogénica *Aeromonas hydrophila.* Journal of the World Aquaculture Society (no prelo).

Abdel-Tawwab, M. e Ahmad, M.H. (2009 a). Efeito do regime proteico da dieta durante o período de crescimento no desempenho do crescimento, na utilização dos alimentos e na composição do corpo inteiro da tilápia do Nilo, *Oreochromis niloticus* (L.). Aquaculture Research 40: 1532 - 1537.

Abdel-Tawwab, M. e Ahmad, M.H. (2009 b). A espirulina viva *(Arthrospira platensis*) como promotor de crescimento e imunidade para a tilápia do Nilo, *Oreochromis niloticus* (L.), confrontada com a patogénica *Aeromonas hydrophila.* Aquaculture Research 40: 1037-1046.

Abdel-Tawwab, M. e Wafeek, M. (2010). Resposta da tilápia do Nilo, *Oreochromis niloticus* (L.) alimentada com selénio orgânico na dieta à toxicidade ambiental do cádmio. Journal of the World Aquaculture Society 41: 106-114.

Abdel-Tawwab, M., Abdelghany, A.E., e Ahmad, M.H. (2007 a). Efeito da suplementação alimentar nas propriedades da água, na estrutura da comunidade fitoplanctónica e no crescimento da tilápia do Nilo, *Oreochromis niloticus* (L.), da carpa comum, *Cyprinus carpio* L., e da carpa prateada, *Hypophthalmichthys molitrix* V., policultivadas em tanques de terra fertilizados. Jornal de Aquacultura Aplicada 19: 1- 24.

Abdel-Tawwab, M., Mousa, M.A.A., e Abbass F.E. (2007 b). Desempenho do crescimento e resposta fisiológica do peixe-gato africano, *Clarias gariepinus* (B.) alimentado com selénio orgânico antes da exposição à toxicidade ambiental do cobre. Aquaculture 272: 335-345.

Abdel-Tawwab, M., Mousa, M.A.A., Ahmad M.H., e Sakr S.F. (2007 c). A utilização da pré-exposição ao cálcio como agente protetor contra a toxicidade ambiental do cobre em juvenis de tilápia do Nilo, *Oreochromis niloticus* (L.). Aquaculture 264: 236-246.

Abdel-Tawwab, M., Abdel-Rahman, A.M., e Ismael, N.E.M. (2008). Avaliação da levedura de panificação comercial viva, *Saccharomyces cerevisiae*, como promotor de crescimento e imunidade para alevins de tilápia do Nilo, *Oreochromis niloticus* (L.) desafiados *in situ* com

Aeromonas hydrophila. Aquaculture 280: 185-189.
Abdel-Tawwab, M., Mousa, M.A.A., e Mohammed, M.A. (2010 a). Efeito do suplemento de levedura no crescimento e na resistência da tilápia da Galileia, *Sarotherodon galilaeus* (L.), à toxicidade ambiental do cobre. Journal of the World Aquaculture Society 41: 214-223.
Abdel-Tawwab, M., Ahmad, M.H., Seden, M.E.A., e Sakr S.M.F. (2010 b). Utilização de chá verde, *Camellia sinensis* L. em dietas práticas para o crescimento e proteção da tilápia do Nilo, *Oreochromis niloticus* (L.) contra a infeção por *Aeromonas hydrophila*. Jornal da Sociedade Mundial de Aquacultura 41: 203-213.
Abdel-Tawwab, M., El-Sayed, G.O., e Shady S.H. (2012). Efeitos dos níveis de proteína da dieta e da exposição ambiental ao zinco no crescimento, utilização de alimentos e variáveis bioquímicas da tilápia do Nilo, *Oreochromis niloticus* (L.). Toxicological and Environmental Chemistry 94: 1368 - 1382.
Abdel-Tawwab, M., El-Sayed, G.O., e Shady S.H. (2016). Crescimento, variáveis bioquímicas e bioacumulação de zinco na tilápia do Nilo, *Oreochromis niloticus* (L.), conforme afetado pela toxicidade do zinco na água e pelo período de exposição. Pesquisa Aquática Internacional 8: 197-206.
Abdel-Tawwab, M., Khattab, Y.A.E., Ahmad, M.H., e Shalaby A.M.E. (2006). Crescimento compensatório, utilização da ração, composição do corpo inteiro e alterações hematológicas em juvenis de tilápia do Nilo, *Oreochromis niloticus* (L.), que passaram fome. Jornal de Aquacultura Aplicada 18: 17-36.
Abdel-Tawwab, M., Mousaad, M.N.M., Sharafeldin, K.M., e Ismaiel, N.EM. (2013). Alterações no crescimento e no estado bioquímico da carpa comum, *Cyprinus carpio* L. exposta à toxicidade do zinco na água por diferentes períodos. Investigação Aquática Internacional 5(11), 1-9.
Abdel-Tawwab, M., Sharafeldin, K.M., Mousaad, M.N.M., e Ismaiel, N.E.M. (2015). Grão de café em dietas de carpa comum, *Cyprinus carpio* L.: Efeito no desempenho do crescimento, estado bioquímico e resistência à toxicidade do zinco na água. Aquaculture 448: 207 -213.
Abdel-Wahhab, M.A., Aljawish, A., Kenawy, A.M., El-Nekeety, A.A., Hamed, H.S., e Abdel-Aziem, S.H. (2016). O enxerto de ácido gálico em nanopartículas de quitosana aumenta as actividades antioxidantes *in vitro* e protege contra a toxicidade da ocratoxina A no peixe-gato (*Clarias gariepinus*). Toxicologia e Farmacologia Ambiental 41: 279-288.
Abdulrahman, N.M. e Ahmed, V.M. (2015). Efeito comparativo de probiótico (*Saccharomyces cerevisiae*), prebiótico (frutooligossacarídeos FOS) e sua combinação em alguns glóbulos brancos diferenciais em carpa comum jovem (*Cyprinus caprio* L.). Asian Journal of Science and Technology 6: 1136-1140.
Abutbul, S., Golan-Goldhirsh, A., Brazani, O., e Zilberg, D. (2004). Utilização de *Rosmarinus officinalis* como tratamento contra *Streptococcus iniae* em tilápia (*Oreochromis sp.*). Aquaculture 238: 97-105.
Adeola, O. e Cowieson, A. (2011). Revisão convidada: oportunidades e desafios na utilização de enzimas exógenas para melhorar a produção de animais não ruminantes. Journal of Animal Science 89: 3189-3218.
Adeoye, A.A., Jaramillo-Torres, A., Fox, S.W., Merrifield, D.L., Davies, S.J. (2016). Suplementação de dietas formuladas para tilápia (*Oreochromis niloticus*) com enzimas exógenas selecionadas: Desempenho geral e efeitos na histologia e microbiota intestinal. Ciência e Tecnologia da Alimentação Animal 215: 133-143.
Agarwal, S.S. e Singh, V.K. (1999). Estudos de imunomoduladores sobre plantas medicinais indianas e péptidos sintéticos. Parte 1: plantas medicinais. Actas da Academia Indiana de Ciências 65: 179-204.
Ahmad, M.A. e Abdel-Tawwab, M. (2011). A utilização de farinha de sementes de cominho como aditivo alimentar em dietas para peixes: desempenho do crescimento, utilização da ração e composição do corpo inteiro de alevins de tilápia do Nilo, *Oreochromis niloticus* (L.). Aquaculture 314: 110 - 114.
Ahmad, M.A., El Mesallamy, A.M.D., Samir, F., e Zahran, F. (2011). Efeito da canela (*Cinnamomum zeylanicum*) no desempenho do crescimento, utilização da ração, composição do corpo inteiro e resistência a *Aeromonas hydrophila* na tilápia do Nilo. Jornal de Aquacultura Aplicada 23: 289-298.
Ahmad, M.H., El-Marakby, H.I., Seden, M.E.A., Abdel-Tawwab, M., Abou-El-Atta, M.E.,

2006. A utilização de selénio orgânico (SelPlexO) em dietas práticas para a tilápia do Nilo, Oreochromis niloticus (L.): efeito no desempenho do crescimento, utilização da ração, composição do corpo inteiro e desafio entropatogénico Aeromonas hydrophila. In: Contreras, W., Fitzsimmons, K. (Eds.), 7th International Symposium on Tilapia in Aquaculture, 6-8 de setembro de 2006. Boca del Rio, Veracruz, México, pp. 95-107.

Ai, Q., Mai, K., Zhang, L., Tan, B., Zhang, W., Xu, W., e Li, H. (2007). Efeitos do P-1,3-glucano dietético na resposta imunitária inata da corvina amarela grande, *Pseudosciaena crocea*. Fish and Shellfish Immunology 22: 394-402.

Akhter, N., Wu, B., Memon, A.M., e Mohsin, M. (2015). Probióticos e prebióticos associados à aquicultura: uma revisão. Imunologia de peixes e mariscos 45: 733 -741.

Akrami, R., Abdolmajid, H., Abbas, M., e Abdolmohammad, A.K. (2009). Effect of dietary prebiotic inulin on growth performance, intestinal microflora, body composition and hematological parameters of juvenile beluga, *Huso huso* (Linnaeus, 1758). Jornal da Sociedade Mundial de Aquacultura 40: 771-779.

Akrami, R., Chitsaz, H., Hezarjaribi, A., e Ziaei, R. (2012). Efeito do oligossacárido de manano dietético (MOS) no desempenho do crescimento e na resposta imunitária dos juvenis de carpa Gibel (*Carassius auratus gibelio*). Jornal de Avanços Veterinários 2: 507-513.

Alexander, C.P., Kirubakaran, C.J.W., e Michael, R.D. (2010). A fração solúvel em água das folhas de *Tinospora cordifolia* melhorou os mecanismos imunitários não específicos e a resistência a doenças em *Oreochromis mossambicus*. Fish and Shellfish Immunology 29: 765-772.

Allameh, S.K., Yusoff, F.M., Ring0, E., Daud, H.M., Saad, C.R., e Ideris, A. (2016). Efeitos de estirpes dietéticas mono e multiprobióticas no desempenho do crescimento, bactérias intestinais e composição corporal da carpa javanesa (*Puntius gonionotus*, Bleeker 1850). Aquaculture Nutrition 22: 367-373.

Anderson, D.P. (1992). Imunoestimulantes, adjuvantes e transportadores de vacinas em peixes: aplicação à aquacultura. In: Faisal, M., Hetrick, F.M. (Eds.), Annual Review of Fish Diseases. Pergamon Press, Nova Iorque, pp. 281-307.

Anderson, D.P., Siwicki, A.K., e Rumsey, G.L. (1995). A administração por injeção ou imersão de imunoestimulantes selecionados a trutas demonstra o reforço dos mecanismos de defesa não específicos e da imunidade protetora. Em: Shariff, M., Arthur, J.R., Subasinghe, R.P. (Eds.), Diseases in Asian Aquaculture: II. Secção de Saúde dos Peixes. Sociedade Asiática de Pesca, Manila, pp. 413-426.

Andlid, T., Vazquez-Juarez, R., e Gustafsson, L. (1995). Leveduras que colonizam o intestino da truta arco-íris (*Salmo gairdneri*) e do pregado (*Scophtalmus maximus*). Microbial Ecology 30: 321-324.

Anguiano, M., Pohlenz, C., Buentello, A., e Gatlin, D.M. III (2013). Os efeitos dos prebióticos nas enzimas digestivas e na histomorfologia intestinal do tambor vermelho (*Sciaenops ocellatus*) e do robalo listrado híbrido (*Morone chrysops* * *M. saxatilis*). British Journal of Nutrition 109: 623-629.

Ardo, L., Yin, G., Xu, P., Varadi, L., Szigeti, G., Jeney, Z. e Jeney, G. (2008). As ervas chinesas (*Astragalus membranaceus* e *Lonicera japonica*) e o boro melhoram a resposta imunitária não específica da tilápia do Nilo (*Oreochromis niloticus*) e a resistência contra *Aeromonas hydrophila*. Aquaculture 275: 2633.

Ashida, T. e Okimasu, E. (2005). Efeitos imunoestimuladores de produtos vegetais fermentados na imunidade não específica da solha-das-pedras japonesa *Paralichthys olivaceus*. Fisheries Science 71: 257-262.

Ashouri, S., Keyvanshokooh, S., Salati, A.P., Johari, S.A. e Pasha-Zanoosi, H. (2015). Efeitos de diferentes níveis de nanopartículas de selénio na dieta sobre o desempenho do crescimento, a composição muscular, os perfis bioquímicos do sangue e o estado antioxidante da carpa comum (*Cyprinus carpio*). Aquaculture 446: 25-29.

Atar, H.H. e Ates, M. (2009). Os efeitos de uma dieta comercial suplementada com mananoligossacárido (MOS) e vitamina B12 no crescimento e na composição corporal da carpa (*Cyprinus carpio* L. 1758). Journal of Animal and Veterinary Advances 8: 2251 -2255

Attele, A.S., Wu, J.A., e Yuan, C.S. (1999). Farmacologia do Ginseng: múltiplos constituintes e múltiplas acções. Biochemical and Pharmacology 58: 16851693.

Attele, A.S., Zhou, Y.P., Xie, J.T., Wu, J.A., Zhang, L., Dey, L., Pugh, W., Rue, P.A.,

Polonsky, K.S. e Yuan, C.-S. (2002). Antidiabetic effects of *Panax ginseng* berry extract and the identifiation of an effective component (Efeitos antidiabéticos do extrato de bagas de *Panax ginseng* e identificação de um componente eficaz). Diabetes 51: 1851-1858.

Avella, M.A., Olivotto, I., Silvi, S., Place, A.R., e Carnevali, O. (2010). Effect of dietary probiotics on clownfih: a molecular approach to defie how lactic acid bacteria modulate development in a marine fih. American Journal of Physiology: Regulatory, Integrative, and Comparative Physiology 298: 359371.

Avella, M.A., Olivotto, I., Silvi, S., Ribecco, C., Cresci, A., Palermo, F., Polzonetti, A., e Carnevali, O. (2011). Utilização de *Enterococcus faecium* para melhorar a larvicultura do linguado-comum (*Solea solea*). Aquaculture 315: 384-393.

Back, N.I., Kim, D.S., Lee, Y.H., Park, J.D., Lee, C.B., e Kim, S.I. (1996). Ginsenoside Rh4, um genuíno glicosídeo dammarano do ginseng vermelho coreano. Planta Medica 62: 86-87.

Bandyopadhyay, P. e Mohapatra, P.K.D. (2009). Efeito de uma bactéria probiótica *Bacillus circulans* PB7 nas dietas formuladas: no crescimento, na qualidade nutricional e na imunidade de *Catla catla* (Ham.). Fish Physiology and Biochemistry 35: 467-478.

Bandyopadhyay, P., Mishra, S., Sarkar, B., Swain, S.K., Pal, A., Tripathy, P.P., e Ojha, S.K. (2015). A dieta de *Saccharomyces cerevisiae* aumenta o crescimento e a imunidade dos juvenis do IMC *Labeo rohita* (Ham.). Jornal Indiano de Microbiologia 55: 81-87.

Bar, N., Mukhopadhayay, S.K., Ganguly, S., Pradhan, S., Patra, N.C., Pal, S., Goswami, J., Singh, Y.D., e Halder, S. (2012). Estudo sobre o efeito probiótico da suplementação de xilanase na alimentação de frangos de corte. Indian Journal of Animal Nutrition 29(1):100-103.

Barakat, K.M., El-Sayed, H.S. e Gohar, Y.M. (2016). Efeito protetor das nanopartículas de quitosana-prata de squilla para larvas de *Dicentrarchus labrax* infectadas com *Vibrio anguillarum*. Investigação Aquática Internacional 8: 179-189.

Barchieri, A. Jr. e Barrow, P.A. (1996). Redução da incidência do tifo aviário experimental através da incorporação de uma preparação comercial de ácido fórmico (Bio- AddTM) na alimentação das aves de capoeira. Poultry Science 75: 339-341.

Bardach, J.E., Ryther, J.H., e McLarney, W.O. (1972). Aquaculture - the farming and husbandry of freshwater and marine organisms (Aquacultura - a criação e a manutenção de organismos marinhos e de água doce). John Wiley & Sons, INC. pp 351.

Barton, B.A. (2002). Stress in fishes: a diversity of responses with particular reference to changes in circulating corticosteroids. Integrated Comparative Biology 42: 517-525.

Barton, B.A. e Iwama, G.K. (1991). Physiological changes in fish from stress in aquaculture with emphasis on the response and effects of corticosteroids. Annual Review of Fish Disease 10: 3-26.

Barton, B.A., Morgan, J.D., e Vijayan, M.M. (2002). Indicadores fisiológicos e relacionados com a condição do stress ambiental em peixes. In: Biological Indicators of Aquatic Ecosystems Stress, ed. S.M. Adams, American Ecosystems Stress. S.M. Adams, American Fisheries Society, Bethesda, pp. 111-148.

Bedford, M. e Cowieson, A. (2012). Enzimas exógenas e seus efeitos na microbiologia intestinal. Animal Feed Science and Technology 173: 76-85.

Belay, A., Kato, T., e Ota, Y. (1996). *Spirulina (Arthrospira)*: aplicação potencial como suplemento alimentar para animais. Associação Internacional de Algologia Aplicada, Resumos da 7ª Conferência Internacional, p. 23.

Bell, J.G. e Cowey, C.B. (1989). Digestibilidade e biodisponibilidade do selénio dietético da farinha de peixe, selenito, selenometionina e selenocistina no salmão do Atlântico (*Salmo salar*). Aquaculture 81: 61-68.

Bell, J.G., Cowey, C.B., Adron, J.W., e Shanks, A.M. (1985). Some effects of vitamin E and selenium deprivation on tissue enzyme levels and indices of tissue peroxidation in rainbow trout (*Salmo gairdneri*). British Journal of Nutrition 53: 49-57.

Benedetto-M-di (2003). O efeito dos ácidos orgânicos (Acid Lac Reg. Micro PELLETS) na criação e na manutenção da saúde intestinal. Zootecnia Internacional 6: 40-45.

Bermejo, P., Pinero, E., e MaVillar, A. (2008). Capacidade de quelação de ferro e propriedades antioxidantes da ficocianina isolada de um extrato proteico de *Spirulina platensis*. Química Alimentar 110: 436-445.

Bhat, V.B. e Madyastha, K.M. (2000). C-ficocianina: A potent peroxyl radical scavenger in vivo and in vitro. Biochemical and Biophysical Research Communications 275: 20-25.

Bilen, S. e Dulut, M. (2010) Efeitos do louro (*Laurus nobilis*) na resposta imunitária não específica da truta arco-íris (*Oncorhycchus mykiss*, Walbaum). Journal of Animal and Veterinary Advances 9: 1275-1279.

Bliznakov, E.G. e Adler, A.D. (1972). Resposta não linear do sistema reticuloendotelial à estimulação. Microbiologia Patológica 38: 393-410.

Bornet, F.R.J., Brouns, F., Tashiro, Y., e Duvillier, V. (2002). Nutritional aspects of short-chain fructooligosaccharides: natural occurrence, chemistry, physiology and health implications (Aspectos nutricionais dos frutooligossacáridos de cadeia curta: ocorrência natural, química, fisiologia e implicações para a saúde). Digestive and Liver Disease 34: 111-120.

Boyd, C.E. e Tucker, C.S. (1998). Pond Aquaculture Water Quality Management. Kluwer Academic Publishers, Norwell, MA, EUA.

Broekaert, W.F., Courtin, C.M., Verbeke, K., De Wiele, T.V., Verstraete, W., e Delcour, J.A. (2011). Efeitos prebióticos e outros efeitos relacionados com a saúde de arabinoxilanos derivados de cereais, arabinoxilano-oligossacáridos e xilooligossacáridos. Critical Reviews in Food Science and Nutrition 51: 178-194.

Brogden, G., Krimmling, T., Adamek, M., Naim, H.Y., Steinhagen, D., e von Kockritz-Blickwede, M. (2014). O efeito do 0-glucano na formação e funcionalidade das armadilhas extracelulares de neutrófilos na carpa (*Cyprinus carpio* L.). Imunologia Comparativa e do Desenvolvimento 44: 280 -285

Bury, N.R., Walker, P.A., e Glover, C.N. (2003). Nutritive metal uptake in teleost fish. Journal of Experimental Biology 206: 11-23.

Buts, J. P., Keyser, N. e Raedemaeker, L. (1994). *Saccharomyces boulardii* aumenta a expressão das enzimas intestinais do rato através da libertação endoluminal de poliaminas. Pediatric Research 36: 522-527.

Carbone, D. e Faggio, C. (2016). Importância dos prebióticos na aquacultura como imunoestimulantes: Efeitos no sistema imunitário de *Sparus aurata* e *Dicentrarchus labrax*. Fish and Shellfish Immunology 54: 172-178.

Carnevali, O., De Vivo, L., Sulpizio, R., Gioacchini, G., Olivotto, I., Silvi, S., e Cresci, A. (2006). Melhoria do crescimento através de probióticos em juvenis de robalo (*Dicentrarchus labrax*, L.), com especial atenção para a expressão dos genes IGF-1, miostatina e cortisol. Aquaculture 258: 430-438.

Carnevali, O., Sun, Y.-Z., Merri field, D.L., Zhou, Z., e Picchietti, S. (2014). Aplicação de probióticos em espécies de peixes de águas temperadas e quentes. In: DL, M., Ring0, E. (Eds.), Aquaculture Nutrition: Gut Health, Probiotics and Prebiotics, pp. 253 -289.

Carver, J.D. e Walker, W.A. (1995). The role of nucleotides in human nutrition (O papel dos nucleótidos na nutrição humana). Journal of Nutritional Biochemistry 6: 58-72.

Casillas, E., Myers, M., e Ames, W.E. (1983). Relação entre os valores da química do soro e a histopatologia do fígado e dos rins no linguado inglês, *Parophrys vetulus*, após exposição aguda ao tetracloreto de carbono. Aquatic Toxicology 3: 61-78.

Castillo, S. e Gatlin, D.M. III (2015). Suplementação dietética de enzimas exógenas de carboidrase na nutrição de peixes: uma revisão. Aquaculture 435: 286-292.

Cha, S.H., Lee, J.S., Song, C.B., Lee, K.J., e Jeon, Y.J. (2008). Efeitos da dieta revestida com quitosano na melhoria da qualidade da água e da imunidade inata da solha-das-olivas, *Paralichthys olivaceus*. Aquaculture 278: 110-118.

Chacko, S.M., Thambi, P.T., Kuttan, R., e Nishigaki, I. (2010). Efeitos benéficos do chá verde: uma revisão da literatura. Medicina Chinesa 5(13): 1-9.

Chakrabarti, R. e Rao, Y.V. (2006). *Achyranthes aspera* estimula a imunidade e melhora a eliminação de antigénios em *Catla catla*. International Immunopharmacology 6: 782-790.

Chang, C.F., Chen, H.Y., Su, M.S., e Liao, I.C. (2000). Imunomodulação por P-1,3 glucano dietético nos criadores do camarão-tigre preto, *Penaeus monodon*. Fish and Shellfish Immunology 10: 505-514.

Chatzifotis, S., Kokou, F., Ampatzis, K., Papadakis, I.E., Divanach, P., e Dermon, C.R. (2008). Efeitos da cafeína na dieta sobre o crescimento, a composição corporal, os índices somáticos e a distribuição cerebral da acetilcolinesterase e da óxido nítrico sintase na dourada (*Sparus aurata*), criada à temperatura de inverno. Aquaculture Nutrition 14: 405-415.

Chen Z, Meng H, Xing G, Chen C, Zhao Y, Jia G, Wang, T., Yuan, H., Ye, C., Zhao, F., Chai, Z., Zhu, C., Fang, X., Ma, B., e Wan, L. (2016). Efeitos toxicológicos agudos das

nanopartículas de cobre in vivo. Cartas de Toxicologia 163: 109-120.
Chen, C.Y., Wooster, G.A., e Bowser, P.R. (2004). Comparative blood chemistry and histopathology of tilapia infected with *Vibrio vulnificus* or *Streptococcus iniae* or exposed to carbon tetrachloride, gentamicin, or copper sulfate. Aquaculture 239: 421-443.
Chen, Y., Zhu, X., Yang, Y., Han, D., Jin, J., e Xie, S. (2014). Efeito do quitosano dietético no desempenho do crescimento, hematologia, resposta imunitária, morfologia do intestino, microbiota intestinal e resistência a doenças na carpa gibel (*Carassius auratus gibelio*). Aquaculture Nutrition 20: 532-546.
Chi, C., Jiang, B., Yu, X.B., Liu, T.Q., Xia, L., e Wang, G.X. (2014). Efeitos de três estirpes de bactérias autóctones intestinais e dos seus produtos extracelulares na resposta imunitária e na resistência a doenças da carpa comum, *Cyprinus carpio*. Fish and Shellfish Immunology 36: 9-18.
Choi, H., Kim, K., e Sohn, E. (2008). O polissacárido ácido do ginseng vermelho (RGAP) em combinação com IFN-r resulta numa função melhorada dos macrófagos através da ativação da via NF-kB. Biociência, Biotecnologia e Bioquímica 72: 1817-1825.
Citarasu, T. (2010). Biomedicamentos à base de plantas: uma nova oportunidade para a indústria da aquacultura. Aquaculture International 18: 403-414.
Citarasu, T., Babu, M.M., e Marian, M.P. (1998). Aplicação de produtos biomedicinais para melhorar a produção de larvas de camarão marinho. Aqua-Terr. Simpósio Anual. Escola de Ciências Biológicas, MK. University, Madurai, Índia.
Citarasu, T., Babu, M.M., Punitha, S.M.J., Venket Ramalingam, K., e Marian, M.P. (2001). Controlo de bactérias patogénicas utilizando produtos biomedicinais à base de plantas no sistema de larvicultura de Penaeus monodon. Conferência Internacional sobre Tecnologias Avançadas em Pescas e Ciências Marinhas, Universidade de MS, Índia.
Citarasu, T., Jayarani, T.V., Babu, M.M., e Marian, M.P. (1999). Utilização de produtos bio-medicinais à base de plantas na aquacultura de camarões. Simpósio Anual Aqua-Terr. Escola de Ciências Biológicas, Universidade MK, Madurai.
Citarasu, T., Sekar, R.R., Babu, M.M., e Marian, M.P. (2002). Desenvolvimento de uma dieta à base de plantas enriquecida com Artemia para a produção de larvas de qualidade em *Penaeus monodon*. Asian Fisheries Science 15: 21-32.
Citarasu, T., Raja Jeya Sekar, R., Venketramalingam, K., Dhandapani, P.S., e Marian, M.P. (2003 a). Efeito do extrato de maçã da madeira *Aegle marmelos*, Correa (Dicotyledons, Sapindales, Rutaceae) como agente antibacteriano em agentes patogénicos que infectam a larivicultura do camarão (*Penaeus indicus*). Indian Journal of Marine Sciences 32: 156-161.
Citarasu, T., Venket Ramalingam, K., Raja Jeya Sekar, R., Micheal Babu, M., e Marian, M. (2003 b). Influência das ervas antibacterianas *Solanum trilobatum, Andrographis paniculata* e *Psoralea corylifolia* na sobrevivência, crescimento e carga bacteriana das pós-larvas de *Penaeus monodon*. Aquaculture International 11: 583-595.
Cohen, Z. e Vonshak, A. (1991). Fatty acid composition of Spirulina and Spirulina-like cyanobacteria in relation to their chemotaxonomy. Phytochemistry 30: 205-206.
Corradetti, R., Pedata, F., Pepeu, G., e Vannucchi, M.G. (1986). O tratamento crônico com cafeína reduz os efeitos da cafeína, mas não da adenosina, sobre a liberação cortical de acetilcolina. Revista Brasileira de Farmacologia 88: 671-676.
Crespy, V. e Williamson, G. (2004). A review of the health effects of green tea catechins in in *vivo* animal models. Journal of Nutrition 134: 3431-3440.
Dalmo, R.A. e Seljelid, R. (1995). The immunomodulatory effect of LPS, laminaran and sulphated laminaran [0 (1, 3)-D-glucan] on Atlantic salmon, *Salmo salar* L., macrophages in vitro. Journal of Fish Diseases 18: 175-185.
Damasceno, F.M., Fleuri, L.F., Sartori, M.M.P., Amorim, R.L., Pezzato, L.E., da Silva, R.L., Carvalho, P.L.P.F., e Barros, M.M. (2016). Efeito do cobre inorgânico da dieta no desempenho de crescimento e no perfil hematológico da tilápia do Nilo submetida ao estresse induzido pelo calor. Aquaculture 454: 257-264.
Dananjaya, S.H.S., Godahewa, G.I., Jayasooriya, R.G.P.T., Lee, J., e De Zoysa, M. (2016). Efeitos antimicrobianos de nano compósitos de quitosana e prata (CAgNCs) em *Aliivibrio (Vibrio) salmonicida* patogénico para peixes. Aquaculture 450: 422-430.
Dange, A.D. e Masurekar, V.B. (1984). Efeitos da exposição ao naftaleno na atividade de algumas enzimas na tilápia ciclídea; *Sarotherodon mossambicus* Peters. Animal Morphology

and Physiology 31; 159-167.

Danicke, S., Halle, I., Franke, A., e Jeroch, H. (2001). Effect of energy source and xylanase addition on energy metabolism, performance, chemical body composition and total body electrical conductivity (TOBECO) of broilers. Animal Physiology and Animal Nutrition 85: 301-313.

Danicke, S., Jeroch, H., Bottcher, W., Bedford, M.R., e Simon, O. (1999). Effects of dietary fat type, pentosan level and xylanases on digestability of fatty acids, liver lipids, and vitamin E in broilers. European Journal of Lipid Science and Technology 101: 90-100.

Das, A., Nakhro, K., Chowdhury, S., e Kamilya, D. (2013). Efeitos do potencial probiótico *Bacillus amyloliquifaciens* FPTB16 nas respostas imunitárias sistémicas e cutâneas da mucosa e na resistência a doenças de catla (*Catla catla*). Fish and Shellfish Immunology 35: 1547-1553.

Dawood, M.A.O. e S. Koshio (2016). Avanços recentes no papel dos probióticos e prebióticos na aquicultura da carpa: Uma revisão. Aquaculture 454: 243 -251.

De Schrijver, R. e Ollevier, F. (2000). Digestão de proteínas em juvenis de pregado (*Scophthalmus maximus*) e efeitos da administração de *Vibrio proteolyticus* na dieta. Aquaculture 186: 107- 116.

Delgado-Andrade, C. e Morales, F.J. (2005). Desvendando a contribuição das melanoidinas para a atividade antioxidante das infusões de café. Journal of Agricultural and Food Chemistry 53: 1403-1407.

Devasagayam, T.P.A e Sainis, K.B. (2002). Sistema imunitário e antioxidantes, especialmente os derivados de plantas medicinais indianas. Indian Journal of Experimental Biology 40: 639-655.

Dewick P.M. (1997). Medicinal natural products. John Wiley and Sons, West Sussex, Reino Unido.

Dhanaraj, M., Haniffa, M.A., Singh, S.A., Arockiaraj, A.J., Ramakrishanan, C.M., Seetharaman, S., e Arthimanju, R. (2010). Efeito dos probióticos no desempenho do crescimento da carpa koi (*Cyprinus carpio*). Jornal de Aquacultura Aplicada 22: 202-209.

Diaz-Rosales, P., Chabrillon, M., Abdala, R.T., Figueroa, F.L., Balebona, M.C., e Morinigo, M.A. (2008). Efeito da administração dietética de *Porphyridium cruentum* na atividade de explosão respiratória dos fagócitos de linguado, *Solea senegalensis* (Kaup). Journal of Fish Diseases 31: 489-495.

Dimitroglou, A., Merrifild, D.L., Carnevali, O., Picchietti, S., Avella, M., Daniels, C., Güroy, D., e Davies, S.J. (2011). Manipulações microbianas para melhorar a saúde e a produção de peixes: uma perspetiva mediterrânica. Fish and Shellfih Immunology 30: 1-16.

Divyagnaneswari, M., Christybapita, D., e Michael, R.D. (2007). Melhoria da imunidade inespecífica e resistência a doenças em *Oreochromis mossambicus* por fracções de folhas de *Solanum trilobatum*. Fish and Shellfish Immunology 23: 249259.

Dobsikova, R., Blahova, J., Mikulikova, I., Modra, H., Praskova, E., Svobodova, Z., Skoric, M., Jarkovsky, J., e Siwicki, A. (2013). O efeito do cogumelo ostra p-1,3/1,6-D-glucano e do antibiótico oxitetraciclina nos índices biométricos, hematológicos, bioquímicos e imunológicos, e alterações histopatológicas na carpa comum (*Cyprinus carpio* L.). Fish and Shellfish Immunology 35: 1813-1823.

Drew, M.D., Racz, V.J., Gauthier, R., e Thiessen, D.L. (2005). Effect of adding protease to coextruded flax: pea or canola: pea products on nutrient digestibility and growth performance of rainbow trout (*Oncorhynchus mykiss*). Animal Feed Science and Technology 119: 117-128.

Dügenci, S.K., Arda, N., e Candan, A. (2003). Algumas plantas medicinais como imunoestimulantes para peixes. Journal of Ethnopharmacology 88: 99-106.

Duncan, P.L. e Klesius, P.H. (1996). Efeitos da alimentação com Spirulina nas respostas imunitárias específicas e não específicas do peixe-gato. Journal of Aquatic Animal Health 8: 308-313.

Ebrahimi, G., Ouraji, H., Khalesi, M.K., Sudagar, M., Barari, A., Zarei Dangesaraki, M., e Jani Khalili, K.H. (2012). Efeitos de um prebiótico, Immunogen, na utilização de alimentos, composição corporal, imunidade e resistência à infeção por *Aeromonas hydrophila* em alevins de carpa comum *Cyprinus carpio* (Linnaeus). Journal of Animal Physiology and Animal Nutrition 96: 591-599.

Ebrahimi, V., Salati, A.P., Azarm, H.M., e Hasanpour, S. (2016). Efeitos do chá verde dietético (*Camellia sinensis* L) nas respostas agudas ao estresse no híbrido de esturjão (*Huso huso $* 3 x

Acipenser ruthenus Ç). Aquaculture Research (no prelo). DOI: 10.1111/are.12908.
Eidelsburger, U. e Kirchgessner, M. (1994). Effect of organic acid salts in the feed on fattening performance of broilers. Archiv fur Geflugelkundes 58(6): 268277.
Eisawy, A.M. e El-Bolok, A. (1975). Status of aquaculture in the Arab Republic of Egypt (Situação da aquacultura na República Árabe do Egito). CIFA Tech. Pap. (4. Suppl. 1).
El Basuini, M.F., El-Hais, A.M., Dawood, M.A.O., Abou-Zeid, A.E., El-Damrawy, S.Z., Khalafalla, M.M.E., Koshio, S., Ishikawa, M., e Dossou, S. (2016). Efeito de diferentes níveis de nanopartículas de cobre na dieta e sulfato de cobre no desempenho do crescimento, perfis bioquímicos sanguíneos, estado antioxidante e resposta imune da dourada (*Pagrus major*). Aquaculture 455: 32-40.
El-Dakar, A.Y. (2004). Resposta de crescimento da tilápia híbrida, *Oreochromis niloticus* x *Oreochromis aureus* a dietas suplementadas com diferentes níveis de sementes de cominho. Jornal de Ciências Agrícolas - Universidade de Mansoura 29: 6083- 6094.
Ellis, A.E. (1990). Técnicas em imunologia de peixes. In: Lysozyme Assays, Stolen J.S., Fletcher T.C., Anderson D.P., Robertson B.S., Van Muiswinkle W.B. (eds). SOS Publications, Fair Haven, pp 101-103
Engstad, R.E., Robertsen, B., e Frivold, E. (1992). O glucano de levedura induz o aumento da atividade da lisozima e da atividade hemolítica mediada pelo complemento no sangue do salmão do Atlântico. Fish and Shellfish Immunology 2: 287-297.
Eshaghzadeh, H., Hoseinifar, S.H., Vahabzadeh, H., e Ring0, E. (2015). Os efeitos da inulina dietética no desempenho do crescimento, na sobrevivência e nas actividades das enzimas digestivas dos alevins de carpa comum (*Cyprinus carpio*). Aquaculture Nutrition 21: 242-247.
Essa, M., El-Serafy, S., El-Ezabi, M., Davboor, S., Esmael, N., e Lall, S. (2010). Efeito de diferentes probióticos alimentares no crescimento, na utilização dos alimentos e nas actividades das enzimas digestivas da tilápia do Nilo, *Oreochromis niloticus*. Jornal da Sociedade Árabe de Aquacultura 5: 143-161
Fagbenro, O.A. e Arowosoge, I.A. (1991). Resposta ao crescimento e digestibilidade dos nutrientes por *Clarias isheriensis* (Sydenham, 1980) alimentada com níveis variáveis de polpa de café como substituto do milho em dietas de baixo custo. Bioresource Technology 37: 253-258.
FAO (2014). Organização das Nações Unidas para a Alimentação e a Agricultura. O estado da pesca e da aquicultura no mundo. FAO, Roma, Itália
Faramarzi, M., Kiaalvandi, S., e Iranshahi, F. (2011). O efeito dos probióticos no desempenho do crescimento e na composição corporal da carpa comum (*Cyprinus carpio*). Journal of Animal and Veterinary Advances 10: 2408-2413.
Farhangi, M. e Carter, C. (2007). Effect of enzyme supplementation to dehulled lupin-based diets on growth, feed efficiency, nutrient digestibility and carcass composition of rainbow trout, *Oncorhynchus mykiss* (Walbaum). Aquaculture Research 38: 1274-1282.
Farhoosh, R., Golmovahhed, G.A., e Khodaparast, M.H.H. (2007). Atividade antioxidante de vários extractos de folhas de chá velhas e resíduos de chá preto (*Camellia sinensis* L.). Química Alimentar 100: 231-236.
Fauconneau, B. (1985). Síntese proteica e deposição de proteínas em peixes. In: *Nutrition and feeding in fish*, Cowey, C.B., A.M. Mackie e J.G. Bell (eds.), Academic Press, Londres, pp 17-45.
Federici, G., Shaw, B.J., e Handy, R.D. (2007). Toxicidade das nanopartículas de dióxido de titânio para a truta arco-íris (*Oncorhynchus mykiss*): lesões nas brânquias, stress oxidativo e outros efeitos fisiológicos. Aquatic Toxicology 84: 415-430.
Feng, M., Wang, Z.S., Zhou, A.G., e Ai, D.W. (2009). Os efeitos de diferentes tamanhos de óxido de zinco nanométrico na proliferação e integridade celular de células epiteliais do duodeno de ratinhos em cultura primária. Jornal de Nutrição do Paquistão 8: 1164 -1166.
Ferguson, R.M.W., Merrifild, D.L., Harper, G.M., Rawling, M.D., Mustafa, S., Picchietti, S., Balcazar, J.L., e Davies, S.J. (2010). The effect of *Pediococcus acidilactici* on the gut microbiota and immune status of on- growing red tilapia (*Oreochromis niloticus*). Jornal de Microbiologia Aplicada 109: 851-862.
Firat, O. e Kargin, F. (2010). Efeitos individuais e combinados de metais pesados na bioquímica sérica da tilápia do Nilo *Oreochromis niloticus*. Arquivo de Contaminação Ambiental e Toxicologia 58: 151-157.

Fooks, L.J., Fuller, R., e Gibson, G.R. (1999). Prebiotics, probiotics and human gut microbiology (Prebióticos, probióticos e microbiologia intestinal humana). International Dairy Journal 9: 53-61.
Francis, G., Kerem, Z., Makkar, H.P.S., e Becker, K. (2002). A ação biológica das saponinas em sistemas animais: uma revisão. British Journal of Nutrition 88: 587605.
Francis, G., Makkar, H.P., e Becker, K. (2001). Factores antinutricionais presentes em ingredientes alternativos derivados de plantas para a alimentação de peixes e seus efeitos nos peixes. Aquaculture 199: 197-227.
Frank, M.E., Bouverat, B.P., MacKinnon, B.I., e Hettinger, T.P. (2004). The distinctiveness of ionic and nonionic bitter stimuli (A distinção entre estímulos amargos iónicos e não iónicos). Physiology and Behavior 80: 421-431.
Franklin, N.M., Glover, C.N., Nicol, J.A., e Wood, C.M. (2005). Interações entre cálcio e cádmio em superfícies de absorção na truta arco-íris: vias de exposição através da água e da dieta. Environmental Toxicology and Chemistry 24: 2954-2964.
Fu, Y.W., Hou, W.Y., Yeh, S.T., Li, C.H., e Chen, J.C. (2007). Os efeitos imunoestimuladores do extrato de água quente de *Gelidium amansii* através de imersão, injeção e administrações dietéticas no camarão branco *Litopenaeus vannamei* e a sua resistência contra *Vibrio alginolyticus*. Fish and Shellfish Immunology 22: 673-685.
Galeotti, M. (1998). Alguns aspectos da aplicação de imunoestimulantes e uma revisão crítica dos métodos para a sua avaliação. Journal of Applied Ichthyology 14: 189-199.
Ganguly, S., Dora, K.C., Sarkar, S., e Chowdhury, S. (2013). Suplementação de prebióticos na alimentação de peixes: uma revisão. Revisões em Biologia de Peixes e Pescas 23: 195-199.
Ganguly, S., Paul, I., e Mukhopadhayay, S.K. (2009). Imunoestimulantes - o seu significado na cultura de peixes ósseos. Fis Chimes 29(7): 49-50.
Ganguly, S., Paul, I., e Mukhopadhayay, S.K. (2010 a). Immunostimulant, probiotic and prebiotic-their applications and effectiveness in aquaculture: a review. Jornal Israelita de Aquacultura - Bamidgeh 62(3): 130-138.
Ganguly, S., Paul, I., e Mukhopadhayay, S.K. (2010 b). Efeitos imunomoduladores dos beta-glucanos fúngicos na piscicultura. Fish Chimes 30(7): 64.
Gatlin, D.M. III e Wilson, R.P. (1984). Necessidade de selénio na dieta do peixe-gato do canal. Journal of Nutrition 114: 627-633.
Gautam, S.C., Gao, X., e Dulchavsky, S. (2007). Immunomodulation by curcumin. Advance Experimental and Medical Biology 595: 321-341.
Genc, M.A., Yilmaz, E., Genc, E., e Aktas, M. (2007 a). Efeitos dos oligossacáridos de manganês da dieta (MOS) no crescimento, na composição corporal e na histologia do intestino e do fígado da tilápia híbrida (*Oreochromis niloticus* x *O. aureus*). The Israeli Journal of Aquaculture 59: 10-16.
Genc, M.A., Aktas, M., Genc, E., e Yilmaz, E. (2007 b). Effects of dietary mannan oligosaccharide on growth, body composition and hepatopancreas histology of *Penaeus semisulcatus* (de Haan 1844). Aquaculture Nutrition 13: 156-161.
Gibson, G.R. e Roberfroid, M.B. (1995). Dietary modulation of the human colonic microbiota: introducing the concept of prebiotics. Journal of Nutrition 125:1401 - 1412.
Gibson, G.R., Probert, H.M., Van Loo, J., Rastall, R.A., e Roberfroid, M.B. (2004). Modulação dietética da microbiota do cólon humano: Atualização do conceito de prebióticos. Nutrition Research Reviews 17: 259-275.
Giri, S.S., Sukumaran, V., e Oviya, M. (2013). *O* potencial probiótico *Lactobacillus plantarum* VSG3 melhora o crescimento, a imunidade e a resistência a doenças de peixes tropicais de água doce. Fish and Shellfish Immunolology 34: 660-666.
Goda, A. M.A.-S. (2008). Efeito da suplementação dietética com erva de ginseng (Ginsana_ G115) no crescimento, utilização de ração e índices hematológicos de tilápia do Nilo, *Oreochromis niloticus* (L.), alevins. Jornal da Sociedade Mundial de Aquacultura 39: 205-214.
Gopalakannan, A. e Arul, V. (2006). Efeitos imunomoduladores da ingestão alimentar de quitina, quitosano e levamisole no sistema imunitário de *Cyprinus carpio* e controlo da infeção por *Aeromonas hydrophila* em tanques. Aquaculture 255: 179 -187.
Gopalakannan, A. e Arul, V. (2011). A atividade inibitória do probiótico MC13 confere proteção contra a septicemia hemorrágica na carpa comum. Aquaculture International 5: 973 - 985.

Gottschalk, F., Sonderer, T., Scholz, R.W., e Nowack. B. (2009). Concentrações ambientais modeladas de nanomateriais manufacturados (TiO2, ZnO, Ag, CNT, fulerenos) para diferentes regiões. Ciência e Tecnologia Ambiental 43: 9216-9222.
Grinde, B. (1989). A lisozima da truta arco-íris *Salmo gairdneri* Richardson como agente antibacteriano contra agentes patogénicos dos peixes. Journal of Fish Disease 12: 207210
Grisdale-Helland, B., Helland, S. J., e Gatlin, D.M. III (2008). The effects of dietary supplementation with mannanoligosaccharide, fructo-oligosaccharide or galactooligosaccharide on the growth and feed utilization of Atlantic salmon (*Salmo salar*). Aquaculture 283: 163-167.
Grosell, M. H., Hogstrand, C., e Wood, C.M. (1997). Absorção e rotação de Cu na truta arco-íris (*Oncorhynchus mykiss*) aclimatada e não aclimatada com Cu. Aquatic Toxicology 38: 257-276.
Guerreiro, I., Oliva-Teles, A., e Enes, P. (2015). Melhoria do metabolismo da glicose e dos lípidos no robalo europeu (*Dicentrarchus labrax*) alimentado com frutooligossacáridos e xilooligossacáridos de cadeia curta. Aquaculture 441: 57-63.
Gupta, A., Gupta, P., e Dhawan, A. (2014). A suplementação dietética de probióticos afecta o crescimento, a resposta imunitária e a resistência a doenças dos alevins de *Cyprinus carpio*. Fish and Shellfish Immunology 41: 113 -119.
Hamilton, S.J. (2003). Revisão dos limiares de toxicidade do selénio com base em resíduos para peixes de água doce. Ecotoxicological and Environmental Safety 56: 201-210.
Hamilton, S.J., Buhl, K.J., Faerber, N.L., Wiedmeyer, R.H., e Bullard, F.A. (1990). Toxicidade do selénio orgânico na dieta do salmão Chinook. Química Ambiental e Toxicológica 9: 347-358
Handy, R.D. (1996). Exposição alimentar a metais tóxicos em peixes. In: Taylor EW, editor. Toxicology of aquatic pollution: physiological, cellular and molecular approaches. Society for Experimental Biology Seminar series Cambridge, Cambridge University Press, UK, pp. 29-60.
Handy, R.D. (2003). Efeitos crónicos da exposição ao cobre versus toxicidade endócrina: duas faces do mesmo processo toxicológico? Comparative Biochemistry and Physiology (A) 135: 25-38.
Harada, K. (1990). Actividades de atração de especiarias para o peixe de clima oriental e o rabo-de-burro. Nippon-Suisan-Gakkaishi 56: 2029 - 2033.
Harikrishnan, R., Balasundaram, C., Dharaneedharan, S., Moon, Y.G., Kim, M.C., Kim, J.S., e Heo, M.S. (2009 a). Efeito de compostos activos de plantas na resposta imunitária e na resistência a doenças em *Cirrhina mrigala* infetada com o patógeno fúngico de peixes, *Aphanomyces invadans*. Aquaculture Research 40: 11701181.
Harikrishnan, R., Balasundaram, C., Kim, M.C., Kim, J.S., Han, Y.J., e Heo, M.S. (2009 b). Resposta imunitária inata e resistência a doenças em *Carassius auratus* através de extractos de solventes tri-herbais. Fish and Shellfish Immunology 27: 508-515.
Harikrishnan, R., Balasundaram, C., e Heo, M.S. (2010 a). Potencial utilização de probióticos e de uma dieta enriquecida com ervas triplas para controlar a infeção por *Aeromonas hydrophila* na carpa. Diseases of Aquatic Organisms 92: 41-49.
Harikrishnan, R., Moon, Y.-G., Kim, M.-C., Kim, J.-S., Heo, M.-S., Balasundaram, C., e Dharaneedharan, S. (2010 b). Fitoterapia de peixes dourados infectados com *Aeromonas hydrophila, Carassius auratus.* Jornal da Sociedade Mundial de Aquacultura 41: 391-401.
Harikrishnan, R., Balasundaram, C., e Heo, M.-S. (2011). Impacto dos produtos vegetais no sistema imunitário inato e adaptativo de peixes e mariscos cultivados. Aquaculture 317: 1-15.
Hartmann, T. (2007). De produtos residuais a ecoquímicos: Cinquenta anos de investigação sobre o metabolismo secundário das plantas. Phytochemical 68: 2831-2846.
Hayashi, O., Hirahashi, T., Katoh, T., Miyajima, H., Hirano, T., e Okuwaki, Y. (1998). Influência específica da classe de *Spirulina plantesis* na produção de anticorpos em ratos. Journal of Nutrional Sciences and Vitaminology 44: 841851.
He, S., Wan, Q., Ren, P., Yang, Y., Yao, F., e Zhou, Z. (2011). O efeito da Sacarocultura dietética no desempenho do crescimento, imunidade não específica e microbiota intestinal autóctone da carpa gibel *Carassius auratus*. Journal of Aquaculture Research and Development S1:10. doi:10.4172/2155-9546.S1- 010.
Helmy, A.M., Badawi, H.K., e El-Bishry, A. (1974). Variações sazonais na composição proteica do soro sanguíneo de *Anguilla vulgaris* e *Mugil cephalus*. Egyptian Journal of Aquatic Research 4: 369-375.
Hilton, J.W. e Hodson, P.V. (1983). Effect of increased dietary carbohydrate on selenium

metabolism and toxicity in rainbow trout (*Salmo gairdneri*). Journal of Nutrition 113: 1241-1248.
Hilton, J.W., Hodson, P.V., e Slinger, S.J. (1980). The requirement andtoxicity of selenium in rainbow trout (*Salmo gairdneri*). Journal of Nutrition 110: 25272535.
Hinton, M., Linton, A.H., e Perry, F.G. (1985). Controlo de Salmonella por desinfeção ácida de alimentos para pintos. Veterinary Record 116: 502.
Hirahashi, T., Matsumoto, M., Hazeki, K., Saeki, Y., Ui, M., e Seya, T. (2002). Ativação do sistema imunitário inato humano por Spirulina: aumento da produção de interferão e citotoxicidade NK por administração oral de extrato de água quente de *Spirulina plantesis*. International Immunopharmacology 2: 423-434.
Hogstrand, C. e Wood, C.M. (1996). A fisiologia e a toxicologia do zinco. In: Taylor EW, editor. Toxicology of aquatic pollution: physiological, cellular and molecular approaches. Society for Experimental Biology Seminar series Cambridge, Cambridge University Press, UK, pp. 61-84.
Hogstrand, C. e Wood, C.M. (1998). Para uma melhor compreensão da biodisponibilidade, fisiologia e toxicologia da prata nos peixes: implicações para os critérios de qualidade da água. Environmental Toxicology and Chemistry 17: 547-561.
Hoseinifar, S.H., Esteban, M.À., Cuesta, A., e Sun, Y.Z. (2015). Prebióticos e resposta imune de peixes: uma revisão do conhecimento atual e perspectivas futuras. Revisões em Ciências da Pesca e Aquacultura 23: 315 -328.
Hoseinifar, S.H., Soleimani, N., e Ring0, E. (2014). Efeitos da suplementação de fruto-oligossacarídeos na dieta sobre o desempenho de crescimento, parâmetros hemato-imunológicos, microbiota intestinal e resistência ao stress de alevinos de carpa comum (*Cyprinus carpio*). British Journal of Nutrition 112: 1296 -1302.
Hou, W.Y. e Chen, J.C. (2005). O efeito imunoestimulador do extrato de água quente de *Gracilaria tenuistipitata* no camarão branco *Litopenaeus vannamei* e a sua resistência contra *Vibrio alginolyticus*. Fish and Shellfish Immunology 19: 127-138.
Hrubec, T. C., Cardinale, J.L., e Smith, S.A. (2000). Intervalos de referência da hematologia e da química do plasma para tilápias cultivadas (*Oreochromis* Hybrid). Veterinary Clinical Pathology 29: 7-12.
Hu, C.-C., Lin, J.-T., Lu, F.-J., Chou, F.-P., e Yang, D.-J. (2008). Determinação de carotenóides em *Dunaliella salina* cultivada em Taiwan e capacidade antioxidante do extrato de carotenóides de algas. Química Alimentar 109: 439-446.
Huang, L., Ran, C., He, S., Ren, P., Hu, J., Zhao, X., e Zhou, Z. (2015). Efeitos da cultura dietética de *Saccharomyces cerevisiae* ou células vivas com esporos *de Bacillus amyloliquefaciens* no desempenho do crescimento, morfologia da mucosa intestinal, expressão do gene hsp70 e resistência a doenças da carpa comum juvenil (*Cyprinus carpio*). Aquaculture 438: 33 -38.
Huang, X., Zhou, H., e Zhang, H. (2006). O efeito dos extractos de polissacáridos de *Sargassum fusiforme* na resistência à vibriose e na atividade imunitária do camarão, *Fenneropenaeus chinensis*. Fish and Shellfish Immunology 20: 750757.
Hui-yuan, L.V., Zhi-gang, Z., Rudeaux, F., e Respondek, F. (2007). Efeitos dos fruto-oligossacáridos de cadeia curta da dieta na microflora intestinal, mortalidade e desempenho de crescimento de *Oreochromis aureus $ * O. niloticus* $. Chinese Journal of Animal Nutrition 19: 1-6.
Hwang, J.-H., Rha, S.-J., Han, K.-H., e Kim, S.-J. (2013). Composição corporal do peixe-pedra preto *Sebastes schlegeli* alimentado com dietas contendo diferentes níveis de açafrão. Jornal Coreano de Pescas e Ciências Aquáticas 46: 540-545.
Irianto, A. e Austin, B. (2002). Probióticos em aquacultura. Journal of Fish Disease 25: 633-642.
Isogai, E., Isogai, H., Hirose, K., Hayashi, S., e Oguma, K. (2001). Sinergia in vivo entre o extrato de chá verde e a levofloxacina contra a infeção por *Escherichia coli* O157 enterohemorrágica. Current Microbiology 42: 248-251.
Izat, A.L., Adams, M.H., Cabel, M.C., Colberg, M., Reiber, M.A., Skinner, J.T., e Waldroup, P.W. (1990). Effects of formic acid or calcium formate in feed on performance and microbiological characteristics of broilers. Poultry Science 69: 1876-1882.
Jeney, G. e Jeney, Z. (2002). Aplicação de imunoestimulantes para a modulação dos

mecanismos de defesa inespecíficos no híbrido de esturjão: *Acipenser ruthenus* x *A. baeri*. Journal of Applied Ichthyology 18: 416-418.
Jenke-Kodama, H., Müller, R., e Dittmann, E. (2008). Mecanismos evolutivos subjacentes à diversidade de metabolitos secundários. Progress in Drug Research 65:119, 121-140.
Jha, D.K., Bhujel, R.C., e Anal, A.K. (2015). A suplementação dietética de probióticos melhora a sobrevivência e o crescimento de filhotes e alevinos de rohu (*Labeo rohita* Ham.) em tanques ao ar livre. Aquaculture 435: 475 -479.
Jia, L. (2005). A formulação de nanopartículas aumenta a biodisponibilidade oral de fármacos pouco solúveis: abordagens, evidências experimentais e teoria. Current Nanoscience 1 (3): 237-243.
Jian, J.C. e Wu, Z.H. (2004). Influências da medicina tradicional chinesa na imunidade inespecífica da carpa comum Jian (*Cyprinus carpio* var. Jian). Fish and Shellfish Immunology 16: 185-191.
Jiang, T.T., Feng, L., Liu, Y., Jiang, W.D., Jiang, J., Li, S.H., Tang, L., Kuang, S.Y., e Zhou, X.Q. (2014). Efeitos da suplementação de xilanase exógena em dietas enriquecidas com proteínas vegetais no desempenho de crescimento, atividades enzimáticas intestinais e microflora de carpa Jian juvenil (*Cyprinus carpio* var. *Jian*). Aquaculture Nutrition 20: 632-645.
J0rgensen, J.B., Lunde, H., e Robertsen, B. (1993). Resposta das células peritoneais e do rim da cabeça à injeção intraperitoneal de glucano de levedura no salmão do Atlântico. Journal of Fish Disease 16: 313-325.
Ju-Nam, Y. e Lead, J.R. (2008). Nanopartículas fabricadas: uma panorâmica da sua química, interações e potenciais implicações ambientais. Science of the Total Environment 400: 396-414.
Jung-Schroers, V., Adamek, M., Jung, A., Harris, S., Doza, O.S., Baumer, A., e Steinhagen, D. (2015). A alimentação com 0-1,3/1,6-glucano aumenta a diversidade da microflora intestinal da carpa (*Cyprinus carpio*). Aquaculture Nutrition. http://dx.doi.org/10.1111/anu.12320.
Kaniawati, S., Skinner, J.T., Waldroup, P.W., Izat, A.L., e Colberg, M. (1992). Effects of feeding organic acids to broilers on performance and salmonella colonization of the caeca and or contamination of the carcass. Poultry Science 71(Suppl 1):159.
Kanjana, K., Radtanatip, T., Asuvapongpatana, S., Withyachumnarnkul, B., e Wongprasert, K. (2011). Os extractos de solvente da alga vermelha *Gracilaria fisheri* previnem as infecções *por Vibrio harveyi* no camarão-tigre preto *Penaeus monodon*. Fish and Shellfish Immunology 30: 389-396.
Kasumyan, A.O. e D0ving, K.B. (2003). Preferências de sabor em peixes. Fish and Fisheries 4: 289-347.
Kesarcodi-Watson, A., Kaspar, H., Josie Lategan, M., e Gibson, L. (2008). Probióticos em aquacultura: A necessidade, princípios e mecanismos de ação e processos de rastreio. Aquaculture, 274: 1-14.
Khattab, R. e Arntfield, S. (2009). Qualidade nutricional das sementes de leguminosas afetada por alguns tratamentos físicos 2. Factores antinutricionais. LWT: Ciência e Tecnologia Alimentar 42: 1113-1118.
Kiarie, E., Romero, L.F., e Nyachoti, C.M. (2013). O papel das enzimas alimentares adicionadas na promoção da saúde intestinal em suínos e aves de capoeira. Nutrition Research Reviews 26: 71-88.
Kim, K.H., Hwang, Y.J., e Bai, S.C. (1999). Resistência ao *Vibrio alginolyticus* em juvenis de peixe-pedra (*Sebastes schlegeli*) alimentados com dietas contendo diferentes doses de aloé. Aquaculture 180: 13-21.
Kirubakaran, C.J.W., Alexander, C.P., e Dinakaran Michael, R. (2010). Reforço das respostas imunitárias inespecíficas e da resistência a doenças com a administração oral de extrato de sementes de *Nyctanthes arbortristis* em *Oreochromis mossambicus* (Peters). Aquaculure Research 41: 1630-1639.
Kobayashi-Hattori, K., Mogi, A., Matsumoto, Y., e Takita, T. (2005). Efeito da cafeína sobre a gordura corporal e o metabolismo lipídico de ratos alimentados com uma dieta rica em gordura. Bioscience, Biotechnology, and Biochemistry 69: 2219-2223.
Kolkovski, S., Tandler, A., e Izquierdo, M.S. (1997). Efeitos do alimento vivo e das enzimas digestivas da dieta na eficiência de microdietas para larvas de robalo (*Dicentrarchus labrax*). Aquaculture 148: 313-332.

Kolkovski, S., Tandler, A., Kissil, G., e Gertler, A. (1993). The effect of dietary exogenous digestive enzymes on ingestion, assimilation, growth and survival of gilthead seabream (*Sparus auratus*, Sparidae, Linnaeus) larvae. Fish Physiology and Biochemistry 12: 203-209.

Kühlwein, H., Emery, M.J., Rawling, M.D., Harper, G.M., Merri field, D.L., e Davies, S.J. (2013). Efeitos de uma suplementação dietética de p-(1,3)(1,6)-D-glucano nas comunidades microbianas intestinais e na ultraestrutura intestinal da carpa espelho (*Cyprinus carpio* L.). Journal of Applied Microbiology 115: 1091-1106.

Kühlwein, H., Merri field, D.L., Rawling, M.D., Foey, A.D., e Davies, S.J. (2014). Efeitos da suplementação dietética com p-(1,3)(1,6)-D-glucano no desempenho do crescimento, na morfologia intestinal e no perfil hemato-imunológico da carpa espelho (*Cyprinus carpio* L.). Journal of Animal Physiology and Animal Nutrition 98: 279-289.

Kumar, R., Mukherjee, S.C., Prasad, K.P., e Pal, A.K. (2006). Avaliação de Bacillus subtilis como probiótico para a carpa maior indiana *Labeo rohita* (Ham.). Aquaculture Research 37: 1215-1221.

Kumari, J., Sahoo, P.K., e Giri, S.S. (2007). Efeitos da formulação poli-herbácea "ImmuPlus" na imunidade e resistência a doenças da carpa maior indiana, *Labio rohita*, em diferentes fases de crescimento. Indian Journal of Experimental Biology 45: 291-298.

Kumar, R., Mukherjee, S.C., Ranjan, R., e Nayak, S.K. (2008). Parâmetros imunitários inatos melhorados em *Labeo rohita* (Ham.) após administração oral de *Bacillus subtilis*. Fish and Shellfish Immunology 24: 168-172.

Lacorte, L.M., Seiva, F.R.F., Rinaldi, J.C., Delella, F.K., Moroz, A., Sarobo, C., Godinho, A.F., Favaro, W.J., Fernandes, A.A.H., e Felisbino, S.L. (2013). A cafeína reduz o acúmulo de cádmio no organismo e aumenta os níveis de expressão de proteínas antioxidantes no epidídimo. Reproductive Toxicology 35: 137- 143.

Lamb, C. e Finge, T.E. (1995). Controlo gustativo do comportamento alimentar em peixes dourados. Physiology and Behavior 57: 483-488.

Lara-Flores, M., Olvera-Novoa, M.A., Guzman-Méndez, B.E., e Lopez-Madrid, W. (2003). Utilização das bactérias *Streptococcus faecium* e *Lactobacillus acidophilus*, e da levedura *Saccharomyces cerevisiae* como promotores de crescimento na tilápia do Nilo (*Oreochromis niloticus*). Aquaculture 216: 193-201.

Lauren, D.J. e McDonald, D.G. (1987). Aclimatação ao cobre pela truta arco-íris. Canadian Journal of Fishery and Aquatic Sciences 44: 99-104.

Lee, J., Shim, J.S., e Lee, J.S. (2006). Polissacárido ácido tipo pectina de *Panax ginseng* com atividade anti-adesiva selectiva contra bactérias patogénicas. Carbohydrate Research 341: 1154-1163.

Levander, O.A. (1986). Selénio, In: Merts, W. (Ed.), 5th ed. Trace Elements in Human and Animal Nutrition, vol. 2. Trace Elements in Human and Animal Nutrition, vol. 2. Academic Press, San Diego, California, USA, pp. 209-279.

Li, P. e Gatlin, D.M. III (2003). Evaluation of brewers yeast (*Saccharomyces cerevisiae*) as a feed supplement for hybrid striped bass (*Morone chrysops* x *M. saxatilis*). Aquaculture 219: 681- 692.

Li, P. e Gatlin, D.M. III (2004). A levedura de cerveja dietética e o prebiótico GroBiotick™ AE influenciam o desempenho do crescimento, as respostas imunitárias e a resistência do robalo raiado híbrido (*Morone chrysops* x *M. saxatilis*) à infeção por *Streptococcus iniae*. Aquaculture 231: 445- 456.

Li, P. e Gatlin, D.M. III (2005). Avaliação do prebiótico GroBiotic® -A e da levedura de cerveja como suplementos alimentares para robalos híbridos subadultos (*Morone chrysops* x *M. saxatilis*) desafiados in situ com *Mycobacterium marinum*. Aquaculture 248: 197-205.

Li, Y., Wang, Y.J., Wang, L., e Jiang, K.Y. (2008). Influência de vários aditivos não nutritivos na imunidade não específica e no crescimento do pregado juvenil, *Scophthalmus maximus* L. Aquaculture Nutrition 14: 387-395.

Lin, H.Z., Li, Z.-J., Chena, Y.-Q., Zheng, W.-H., e Yang, K. (2006). Efeito dos medicamentos tradicionais chineses na dieta sobre os coeficientes de digestibilidade aparente dos nutrientes do camarão branco *Litopenaeus vannamei*, Boone. Aquaculture 253: 495- 501.

Lin, W., Pan, B., Sheng, J., Xu, J., e Hu, Q. (2007). Atividade antioxidante de extractos de *Spirulina platensis* por extração supercrítica de dióxido de carbono. Food Chemistry 105: 36-41.

Lin, Y.H. e Shiau, S.Y. (2005). Necessidade de selénio na dieta da garoupa, Epinephelus malabaricus. Aquaculture 250: 356-363.
Lin, Y.-H. e Shiau, S.Y. (2007). Os efeitos do selénio na dieta sobre o stress oxidativo da garoupa, Epinephelus malabaricus, alimentada com cobre elevado. Aquaculture 267: 38-43.
Liu, C.X. e Xiao, P.G. (1992). Avanços recentes na investigação do ginseng na China. Journal of Ethnopharmacology 36: 27-38.
Liu, W., Ren, P., He, S., Xu, L., Yang, Y., Gu, Z., e Zhou, Z. (2013). Comparação da composição de bactérias intestinais adesivas, imunidade e resistência a doenças em tilápias híbridas juvenis alimentadas com duas estirpes diferentes *de Lactobacillus*. Fish and Shellfih Immunology 35: 54-62.
Liu, X.L., Xi, Q.Y., Yang, L., Li, H.Y., Jiang, Q.Y., Shu, G., Wang, S.B., Gao, P., Zhu, X.T., e Zhang, Y.L. (2010). O efeito do extrato de polissacárido de *Panax ginseng* na dieta sobre as respostas imunitárias do camarão branco, *Litopenaeus vannamei*. Imunologia de Peixes e Mariscos 1-6.
Liu, X.L., Xi, Q.Y., Yang, L., Li, H.Y., Jiang, Q.Y., Shu, G., Wang, S.B., Gao, P., Zhu, X.T., e Zhang, Y.L. (2011). O efeito do extrato de polissacárido de *Panax ginseng* na dieta sobre as respostas imunitárias do camarão branco, *Litopenaeus vannamei*. Fish and Shellfish Immunology 30: 495-500.
Logambal, S.M., Venkatalakshmi, S., e Michael, R.D. (2000). Efeito imunoestimulador do extrato de folhas de *Ocimum sanctum* Linn. em *Oreochromis mossambicus* (Peters). Hydrobiologia 430: 113-120.
Lorentzen, M., Maage, A., e Julshamn, K. (1994). Effects of dietary selenite or selenomethionine on tissue selenium levels of Atlantic salmon (*Salmo salar*). Aquaculture 121: 359-367.
Lorentzen, M., Maage, A., e Julshamn, K. (1998). O suplemento de cobre a uma dieta basal de farinha de peixe dada a juvenis de salmão do Atlântico afecta as concentrações de cobre e selénio no fígado. Aquaculture Nutrition 4: 67-72.
Lu, J. e Takeuchi, T. (2004). Desova e qualidade dos ovos da tilápia *Oreochromis niloticus* alimentada apenas com Spirulina crua durante três gerações. Aquaculture 234: 625-640.
Lu, J., Yoshizaki, G., Sakai, K., e Takeuchi, T. (2002). Aceitabilidade da *Spirulina platensis* crua por larvas de tilápia *Oreochromis niloticus*. Fisheries Science 68: 51-58.
Luo, D.H. e Fang, B.S. (2008). Identificação estrutural de polissacáridos de ginseng e teste das suas actividades antioxidantes. Carbohydrate Polym 72: 376-381.
Madhava, C., Bhat, V.B., Kiranmai, G., Reddy, M.N., Reddanna, P., e Madyastha, K.M. (2000). Inibição selectiva da ciclo-oxigenase-2 pela C-ficocianina, uma biliproteína da *Spirulina platensis*. Biochemical and Biophysical Research Communications 277: 599-603.
Maggon, K. (2005). Best selling human medicine 2002-2004. Drug Discovery Today 11: 739-742.
Mahady, G. B., Pendland, S.L., Yun, G., e Lu, Z.Z. (2002). A *curcuma* (*Curcuma longa*) e a curcumina inibem o crescimento da *Helicobacter pylori*, um agente cancerígeno do grupo 1. Anticancer Research 22: 4179-4181.
Mahajan, G. e Kamat, M. (1995). Produção de ácido c-linoleico a partir de *Spirulina platensis*. Applied Microbiology and Biotechnology 43: 466-469.
Mahan, D.C. (1999). Selénio orgânico: usando o modelo da natureza para redefinir a suplementação de selénio para animais. In: Lyons, T.P., Jacques, K.A. (Eds.), Biotechnology in the Feed Industry. Actas do 15º Simpósio Anual. Nottingham University Press, Nottingham, Reino Unido, pp. 523-535.
Mahious, A.S. e Ollevier, F. (2005). Probióticos e Prebióticos em Aquacultura. The 1st Regional Workshop on Techniques for Enrichment of Live Food for Use in Larviculture-2005, AAARC, Urmia, Iran. p. 67
Mahmoud, K.Z. e Edens, F.W. (2003). Influence of selenium sources on age- related and mild heat stress-related changes of blood and liver glutathione redox cycle in broiler chickens (*Gallus domesticus*). Comparative Biochemistry and Physiology 136B: 921-934.
Mahmoud, K.Z. e Edens, F.W. (2005). Influência do selénio orgânico na resposta de hsp70 de frangos de carne (*Gallus gallus*) *desafiados por Escherichia coli* enteropatogénica e *submetidos a* stress térmico. Comparative Biochemistry and Physiology 141C: 69-75
Mahmoud, M.M.A., El-Lamie, M.M.M., Dessouki, A.A., e Yusuf, M.S. (2014). Efeito da

suplementação de açafrão (*Curcuma longa*) no desempenho do crescimento, utilização de alimentos e resistência da tilápia do Nilo (*Oreochromis niloticus*) ao desafio *de Pseudomonas fluorescens*. Global Research Journal of Fishery Science and Aquaculture 1(12): 26-33.
Mairoka, A., Santin, A.M.E., Borges, S.A., Opalinski, M., e Silva, A.V.F. (2004). Avaliação de uma mistura dos ácidos fumárico, lático, cítrico e ascórbico em dietas iniciais de frangos de corte. Arquivos de Ciência Veterinária 9(1): 31-37.
Mallick, S., Sharma, S., Banerjee, M., Ghosh, S.S., Chattopadhyay, A., e Paul, A. (2012). Compósito de quitosana de nanopartículas de Cu estabilizado com iodo para aplicações antibacterianas. ACS Applied Materials and Interfaces 4 (3): 1313 -1323.
Martinez, C.B.R., Nagae, M.Y., Zaia, C.T.B.V., e Zaia, D.A.M. (2004). Efeitos morfológicos e fisiológicos agudos do chumbo no peixe neotropical *Prochidolus lineatus*. Jornal Brasileiro de Biologia 64: 797-807.
Mathlouthi, N., Lalles, J.P., Lepercq, P., Juste, C., e Larbier, M. (2002). A suplementação com xilanase e beta-glucanase melhora a fração de ácidos biliares conjugados no conteúdo intestinal e aumenta o tamanho das vilosidades da parede do intestino delgado em frangos de carne alimentados com uma dieta à base de centeio. Journal of Animal Science 80: 2773 - 2779.
Maynard, A.D. (2007). Nanotecnologia: a próxima grande coisa, ou muito barulho por nada? Annals of Occupational Hygiene 51: 1-12.
Mazzafera, P. (2002). Degradação da cafeína por microrganismos e uso potencial da casca e polpa de café descafeinada na alimentação animal. Scientia Agricola 59: 815-821.
Merrifild, D.L., Dimitroglou, A., Foey, A., Davies, S.J., Baker, R.T.M., B0gwald, J., Castex, M., e Ring0, E. (2010 a). The current status and future focus of probiotic and prebiotic applications for salmonids. Aquaculture 302: 1-18.
Merrifild, D.L., Harper, G.M., Dimitroglou, A., Ring0, E., e Davies, S.J. (2010 b). Possible inflence of probiotic adhesion to intestinal mucosa on the activity and morphology of rainbow trout (*Oncorhynchus mykiss*) enterocytes. Aquaculture Research 41: 1268-1272.
Miranda, M.S., Cintra, R.G., Barros, S.B., e Mancini, F.J. (1998). Atividade antioxidante da microalga *Spirulina maxima*. Jornal Brasileiro de Pesquisas Médicas e Biológicas 31: 1075-1079.
Mohan, I.K., Khan, M., Shobha, J.C., Naidu, M.U., Prayag, A., e Kuppusamy, P. (2006). Proteção contra a nefrotoxicidade induzida pela cisplatina pela *Spirulina* em ratos. Cancer Chemotherapy and Pharmacology 58: 802-808.
Mohapatra, S., Chakraborty, T., Prusty, A.K., Das, P., Paniprasad, K., e Mohanta, K.N. (2012). Utilização de diferentes probióticos microbianos na dieta de alevins de rohu, *Labeo rohita*: efeitos no crescimento, digestibilidade e retenção de nutrientes, actividades das enzimas digestivas e microflora intestinal. Aquaculture Nutrition 18: 1-11.
Mohapatra, S., Chakraborty, T., Prusty, A.K., PaniPrasad, K., e Mohanta, K.N. (2014). Efeitos benéficos da mistura de probióticos na dieta sobre hemato-imunologia e apoptose celular de alevinos de *Labeo rohita* criados em temperaturas mais altas da água. PLoS One 9: 6.
Molan, A.L., Meagher, L.P., Spencer, P.A., e Sivakumaran, S. (2003). Effect of flavan-3-ols on in vitro egg hatching, larval development and viability of infective larvae of *Trichostrongylus colubriformis*. International Journal of Parasitology 33: 1691-1698.
Molan, A.L., Sivakumaran, S., Spencer, P.A., e Meagher, L.P. (2004). Os flavan-3-óis e as proantocianidinas oligoméricas do chá verde inibem a motilidade das larvas infecciosas de *Teladorsagia circumcincta* e *Trichostrongylus colubriformis* in vitro. Investigação em ciências veterinárias 77: 239-243.
Mommsen, T.P., Vijayan, M.M., e Moon, T.W. (1999). Cortisol em teleósteos: dinâmica, mecanismos de ação e regulação metabólica. Revisão de Biologia de Peixes e Pescas 9: 211-268.
Monteiro, S.M., Mancera, J.M., Fernandes, A.F., e Sousa, M. (2005). Alterações de parâmetros bioquímicos nas brânquias e no plasma de *Oreochromis niloticus* induzidas pelo cobre. Comparative Biochemistry and Physiology (C) 141: 375 - 383.
Moreau, Y., Arredondo, J.L., Perraud-Gaime, I., e Roussos, S. (2003). Utilização dietética de proteína e energia da polpa de café fresca e ensilada pela tilápia do Nilo *Oreochromis niloticus*. Arquivos Brasileiros de Biologia e Tecnologia 46: 223-231.
Mousa, M.A. (2004). Estudos toxicológicos sobre o efeito do herbicida machete em algumas espécies de peixes. Egyptian Journal of Applied Sciences 19(5): 1-11.

Müller, R.H. e Böhm, B.H.L. (1998). Nanosuspensões. In: Benita, S., Böhm, B.H.L. (Eds.), Emulsions and nanosuspensions for the formulation of poorly soluble drugs, Medpharm Scientific Publishers, Stuttgart, pp. 149-174.
Murray, R.K., Granner, D.K., Mayes, P.A., e Rodwell, V.W. (1991). The Textbook of Herb's Biotechnology. Vigésima segunda edição, Appleton & Large, Norwalk, Connecticut Los Anglos, Califórnia, EUA.
Nandeesha, M.C., Gangadhara, B., Manissery, J.K., e Venkataraman, L.V. (2001). Growth performance of two Indian major carps, catla (*Catla catla*) and rohu (*Labeo rohita*) fed diets containing different levels of *Spirulina platensis*. Bioresource Technology 80: 117-120.
Nandeesha, M.C., Gangadhara, B., Varghese, T.J., e Keshavanath, P. (1998). Effect of feeding *Spirulina platensis* on the growth, proximate composition and organoleptic quality of common carp, *Cyprinus carpio*. Aquaculture Research 29: 305-312.
Nayak, S.K. (2010). Probióticos e imunidade: uma perspetiva da fih. Fish and Shellfih Immunology 29: 2-14
Nayak, S.K., Swain, P., e Mukherjee, S.C. (2007). Efeito da suplementação dietética de probiótico e vitamina C na resposta imunitária da carpa maior indiana, *Labeo rohita* (Ham.). Fish and Shellfish Immunology 23: 892 - 896.
Nayar, S., Hegde, S., Rao, P.S., e Sudha, P. (1998). Organismos vivos como alimento em aquacultura. INFOFISH International 4: 36- 39.
Nesckovic, N.K., Poleksic, V., Elezovic, I., Karan, V., e Budimir, M. (1996). Biochemical and histopathological effects of glyphosate on carp; *Cyprinus carpio* L. Bulletin of Environmental and Contamination Toxicology 56: 295302.
Nguyen, H.T. (1999). Transport proteins, In: Loeb, W.F., Quimby, F.W. (Eds.), The Clinical Chemistry of Laboratory Animals, Segunda Edição. Taylor and Francis, Philadelphia, PA, USA, pp. 309-335.
NNI (2007). Iniciativa Nacional para a Nanotecnologia: O que é a nanotecnologia? Disponível em <http ://www. nano. gov/html/facts/whatlsNano. html.
Noh, S.H., Han, K., Won, T.H., e Choi, Y.J. (1994). Efeito de antibióticos, enzimas, cultura de leveduras e probióticos no desempenho de crescimento da carpa israelita. Jornal Coreano de Ciência Animal 36: 480-486.
Nursey, I. (1997). Controlo de Salmonella. Kraftfutter 10: 415-422.
Nya, E.J. e Austin, B. (2009). Utilização de alho, *Allium sativum*, para controlar a infeção por *Aeromonas hydrophila* na truta arco-íris, *Oncorhynchus mykiss* (Walbaum). Journal of Fish Diseases 32: 963-970.
Oberdorster, G., Oberdorster, E., e Oberdorster, J. (2005). Nanotoxicologia: uma disciplina emergente que evolui a partir de estudos de partículas ultrafinas. Environmental Health Perspectives 113: 823-839.
Ogunkoya, A.E., Page, G.I., Adewolu, M.A., e Bureau, D.P. (2006). A incorporação na dieta de farinha de soja e de um cocktail de enzimas exógenas pode afetar as caraterísticas físicas do material fecal egerido pela truta arco-íris (*Oncorhynchus mykiss*). Aquaculture 254: 466-475.
Oliva-Teles, A. e Gonçalves, P. (2001). Substituição parcial da farinha de peixe por levedura de cerveja *Saccaromyces cerevisae* em dietas para juvenis de robalo *Dicentrarchus labrax*. Aquacultura 202: 269- 278.
Ortiz, L.T., Rebole, A., Velasco, S., Rodriguez, M.L., Trevino, J., Tejedor, J.L., e Alzueta, C. (2013). Efeitos da inulina e dos frutooligossacarídeos no desempenho do crescimento, na composição química do corpo e na microbiota intestinal da truta arco-íris cultivada (*Oncorhynchus mykiss*). Aquaculture Nutrition 19: 475-482.
Ortuño, J., Cuesta, A., Rodríguez, A., Esteban, M.A., e Meseguer, J. (2002). A administração oral de levedura *Saccharomyces cerevisiae* melhora a resposta imune inata celular da dourada (*Sparus aurata* L.). Veternary Immunology and Immunopathology 85: 41-50.
Owen, R. e Handy, R.D. (2007). Formulação dos problemas para a avaliação dos riscos ambientais dos nanomateriais. Environmental Science and Technology 41: 5582-5588.
Palmegiano, G.B., Agradi, E., Forneris, G., Gai, E., Gasco, L., Rigamonti, E., Sicuro, B., e Zoccarato, I. (2005). Spirulina como fonte de nutrientes em dietas para esturjão (*Acipenser baeri*) em crescimento. Aquaculture Research 16: 188-195.
Palmegiano, G.B., Gai, F., Dapra, F., Gasco, L., Pazzaglia, M., e Peiretti, P.G. (2008). Efeitos da Spirulina e do óleo vegetal no crescimento e nas caraterísticas lipídicas dos alevins de

esturjão branco (*Acipenser transmontanus*). Aquaculture Research 39: 587-595.
Pan, X., Niu, G., e Liu, H. (2003). Extração assistida por micro-ondas de polifenóis do chá e cafeína do chá a partir de folhas de chá verde. Chemical Engineering and Processing 42: 129-133.
Panigrahi, A., Kiron, V., Puangkaew, J., Kobayashi, T., Satoh, S., e Sugita, H. (2005). A viabilidade das bactérias probióticas na truta arco-íris *Oncorhynchus mykiss*. Aquaculture 243: 241-254.
Paramasivam, S., Thangaradjou, T., e Kannan, L. (2007). Efeito de conservantes naturais no crescimento de bactérias produtoras de histamina. Journal of Environmental Biology 28: 271-4.
Pellegrini, N., Serafini, M., Colombi, P., Del Rio, D., Salvatore, S., Bianchi, M., e Brighenti, F. (2003). Total antioxidant capacity of plant foods, beverages and oils consumed in Italy assessed by three different in vitro assays. Journal of Nutrition 133: 2812-2819.
Peyghan, R., M. Razijalaly, M. Baiat, e A. Rasekh. 2003. Estudo da bioacumulação de cobre no fígado e no músculo da carpa comum *Cyprinus carpio* após banho de sulfato de cobre. Aquaculture International 11: 597-604.
Picchietti, S., Fausto, A.M., Randelli, E., Carnevali, O., Taddei, A.R., Buonocore, F., Scapigliati, G., e Abelli, L. (2009). O tratamento precoce com a estirpe *Lactobacillus delbrueckii* induz o aumento das células T intestinais e dos granulócitos e modula os genes relacionados com o sistema imunitário das larvas de *Dicentrarchus labrax* (L.). Fish and Shellfih Immunology 26: 368-376.
Picchietti, S., Mazzini, M., Taddei, A.R., Renna, R., Fausto, A.M., Mulero, V., Carnevali, O., Cresci, A., e Abelli, L. (2007). Efeitos da administração de estirpes probióticas no GALT de larvas de dourada: estudos imunohistoquímicos e ultra-estruturais. Fish and Shell Immunology 22: 57-67.
Pirarat, N., Kobayashi, T., Katagiri, T., Maita, M., e Endo, M. (2006). Efeitos protectores e mecanismos de uma bactéria probiótica *Lactobacillus rhamnosus* contra a infeção experimental por *Edwardsiella tarda* na tilápia (*Oreochromis niloticus*). Veterinary Immunology and Immunopathology 113: 339-347.
Pirarat, N., Pinpimai, K., Endo, M., Katagiri, T., Ponpornpisit, A., e Chansue, N. (2011). Modulação da morfologia intestinal e imunidade na tilápia do Nilo (*Oreochromis niloticus*) por *Lactobacillus rhamnosus* GG. Investigação em Ciências Veterinárias 91: 92-97.
Platel, K., Rao, A., Saraswathi, G., e Srinivasan, K. (2002). Ação estimulante digestiva de três misturas de especiarias indianas em ratos experimentais. Nahrung 46: 394 - 398.
Ponni, A. (2002). Etanoterapêutica. Uma abordagem para estudar a avaliação antimicrobiana de alguns medicamentos siddha e ayurvédicos para o tratamento de doenças infecciosas. Dissertação de Mestrado, Universidade de M. S., Tamil Nadu, Índia.
Prasad, S. e Aggarwal, B.B. (2011). Cúrcuma, a especiaria dourada da medicina tradicional à medicina moderna. In: Herbal Medicin: Biomolecular and clinical aspects. Benzie, I.F.F. and S. Wachtel-Galor (Eds.), the 2nd edition, CRC Press, Taylor & Francis Group, Boca Raton, FL, USA, pp 263-288.
Qi, L., Xu, Z., Jiang, X., Hu, C., e Zou, X. (2004). Preparação e atividade antibacteriana de nanopartículas de quitosano. Carbohydrate Research 339: 2693-2700.
Qiu, X. C., Zhou, H.Q., Hua, X.M., Liu, X.G., e Cao, D. (2004). O efeito dos aditivos chineses na dieta sobre a digestibilidade da carpa cruciana aloginogenética. Jornal da Universidade Normal de Xinyang (Edição de Ciências Naturais) (China) 17: 54-56.
Qiu, X.C., Zhou, H.Q., Liu, X.G., Hua, X.M., Cao, D., e Zhang, D.L. (2002). O efeito dos aditivos dietéticos de ervas chinesas no crescimento e digestibilidade da carpa cruciana aloginogénica. Journal of Fisheries of China 26: 551-555.
Qiu, X.C., Zhou, H.Q., Yokoyama, M., e Liu, X.G. (2003). Os efeitos dos aditivos dietéticos de ervas chinesas nas composições bioquímicas no músculo da carpa cruciana aloginogénica. Jornal da Universidade de Pesca de Xangai (China) 12: 24- 28.
Qureshi, M.A. e Ali, R.A. (1996). A exposição à *Spirulina platensis* melhora a função fagocítica dos macrófagos em gatos. Immunopharmacology and Immunotoxicology 18: 457-463.
Raa, J. (1996). A utilização de substâncias umunoestimuladoras em piscicultura e conquilicultura. Reviews in Fisheries Science 4: 1-60.
Raa, J., Rorstad, G., Engstad, R.E., e Robertson, B. (1992). A utilização de imunoestimulantes

para aumentar a resistência de organismos aquáticos a infecções microbianas. In: Shariff, M., Subasinghe, R.P., Arthur, J.R. (Eds.), Disease in Asian Aquaculture. Actas do Primeiro Simpósio sobre Doenças na Aquacultura Asiática. Sociedade Asiática de Pesca, Filipinas, pp. 39-50. 1.

Radu, S., Ahmad, H., Ling, F.H., e Reezal, A. (2003). Prevalência e resistência a antibióticos de espécies de Aeromonas provenientes de peixe a retalho na Malásia. Jornal Internacional de Microbiologia Alimentar 81: 261-266.

Ramsden, C.S., Smith, T.J., Shaw, B.J., e Handy, R.D. (2009). Exposição alimentar a nanopartículas de dióxido de titânio na truta arco-íris (*Oncorhynchus mykiss*): nenhum efeito no crescimento, mas perturbações bioquímicas subtis no cérebro. Ecotoxicologia 18: 939-951.

Rana, S.V.S. e Boora, P.R. (1992). Mecanismo antiperoxidativo oferecido pelo selénio contra a lesão hepática causada pelo cádmio e pelo mercúrio no rato. Boletim de Contaminação Ambiental e Toxicologia 48: 120-124.

Rana, S.V.S. e Verma, S. (1997). Efeitos protectores da GSH, do a-tocoferol e do selénio na peroxidação lipídica no fígado e nos rins de ratos alimentados com cobre. Boletim de Contaminação Ambiental e Toxicologia 59: 152-158

Rao, Y.V. e Chakrabarti, R. (2005). Estimulação da imunidade na carpa maior indiana *Catla catla* com ingredientes alimentares à base de plantas. Fish and Shellfish Immunology 18: 327-334.

Rao, Y.V., Romesh, M., Singh, A., e Chakrabarti, R. (2004). Potenciação da produção de anticorpos na carpa maior indiana *Labeo rohita*, rohu, por *Achyranthes aspera* como ingrediente alimentar à base de plantas. Aquaculture 238: 67-73.

Rao, Y.V., Das, B.K., Jyotyrmayee, P., e Chakrabarti, R. (2006). Efeito de *Achyranthes aspera* na imunidade e sobrevivência de *Labeo rohita* infetado com *Aeromonas hydrophila.* Fish and Shellfish Immunolology 20: 263-273.

Rattanachaikunsopon, P. e Phumkhachorn, P. (2010). Potencial do óleo de canela (*Cinnamomum verum*) para controlar a infeção por *Streptococcus iniae* na tilápia (*Oreochromis niloticus*). Ciência das Pescas 76: 287-293.

Rehulka, J. (1989). Determinação das doses óptimas de Kurasan (etoxiquinolina) e butil-hidroxitoluol (BHT) em granulados secos: efeito de ambos os anti-oxidantes em alguns parâmetros hematológicos e de condição da truta arco-íris, *Salmo gairdneri* Richardson. Aquaculture and Fisheries Management 20: 295-310.

Rehulka, J. (2000). Influência da astaxantina na taxa de crescimento, estado e alguns índices sanguíneos da truta arco-íris, *Oncorhynchus mykiss*. Aquaculture 190: 27-47.

Rehulka, J. (2002). *Aeromonas causa* lesões cutâneas graves na truta arco-íris (*Oncorhynchus mykiss*): patologia clínica, hematologia e bioquímica. Ata Veterinaria Brno 71: 351-360.

Rengpipat, S., Rukpratanporn, S., Piyatiratitivorakul, S., e Menasveta, P. (2000). Reforço da imunidade no camarão-tigre preto (*Penaeus monodon*) por uma bactéria probiótica (*Bacillus* S11). *Aquaculture* 191: 271-288.

Reverter, M., Bontemps, N., Lecchini, D., Banaigs, B., e Sasal, P. (2014). Utilização de extractos de plantas em aquacultura de peixes como alternativa à quimioterapia: estado atual e perspectivas futuras. Aquaculture 433: 50 -61.

Reyes-Becerril, M., Tovar-Ramirez, D., Ascencio-Valle, F., Civera-Cerecedo, R., Gracia-Lopez, V., e Barbosa-Solomieu, V. (2008). Efeitos da levedura viva *Debaryomyces hansenii* na dieta sobre o sistema imunitário e antioxidante em juvenis de garoupa-leopardo *Mycteroperca rosacea* expostos ao stress. Aquaculture 280: 39-44.

Ring0, E., Olsen, R.E., Gifstad, T.0., Dalmo, R.A., Amlund, H., Hemre, G.I., e Bakke, A.M. (2010). Prebióticos em aquacultura: uma revisão. Aquaculture Nutrition 16: 117-136.

Roberfroid, M. e Slavin, J. (2000). Nondigestible oligosaccharides. Critical Reviews in Food Science and Nutrition 40: 461-480.

Roberfroid, M., Gibson, G.R., Hoyles, L., McCartney, A.L., Rastall, R., Rowland, I., Wolvers, D., Watzl, B., Szajewska, H., Stahl, B., Guarner, F., Respondek, F., Whelan, K., Coxam, V., Davicco, M.J., Leotoing, L., Wittrant, Y., Delzenne, N.M., Cani, P.D., Neyrinck, A.M., e Meheust, A. (2010). Prebiotic effects: metabolic and health benefits (Efeitos prebióticos: benefícios metabólicos e para a saúde). British Journal of Nutrition 104: 1-63.

Robertsen, B., Rorstad, G., Engstad, E., e Raa, J. (1990). Enhancement of nonspecific disease resistance in Atlantic salmon, *Salmo salar* by a glucan from *Saccharomyces cerecisiae* cell

walls. Journal of Fish Diseases 13: 391-400.
Rollo, A., Sulpizio, R., Nardi, M., Silvi, S., Orpianesi, C., Caggiano, M., Cresci, A., e Carnevali, O. (2006). Suplemento alimentar microbiano vivo em aquacultura para melhorar a tolerância ao stress. Fish Physiology and Biochemistry 32: 167177.
Rotruck, J.T., Pope, A.L., Ganther, H.E., Swanson, A.B., Haefeman, D.G., e Hoejstra, W.G. (1973). Selénio: papel bioquímico do componente da glutationa peroxidase. Ciência 179: 588-590.
Ruby, A. J., Kuttan, G., Babu, K.D., Rajasekharan, K.N., e Kuttanm, R. (1995). Atividade anti-tumoral e antioxidante dos curcuminóides naturais. Carta do Cancro 94: 79-83.
Rusak, G., Komes, D., Likic, S., Horzic, D., e Kovac, M. (2008). Conteúdo fenólico e capacidade antioxidante de extractos de chá verde e branco dependendo das condições de extração e do solvente utilizado. Química Alimentar 110: 852-858.
Saenz de Rodriganez, M.A., Diaz-Rosales, P., Chabrillon, M., Smidt, H., Arijo, S., Leon-Rubio, J.M., Alarcon, F.J., Balebona, M.C., Morinigo, M.A., Cara, J.B., e Moyano, F.J. (2009). Efeito da administração de probióticos na dieta sobre o crescimento e a funcionalidade intestinal de juvenis de linguado *senegalês* (*Solea senegalensis*, Kaup 1858). Aquaculture Nutrition 15: 177-185.
Sahu, S., Das, B.K., Mishra, B.K., Pradhan, J., e Sarangi, N. (2007). Effect of *Allium sativum* on the immunity and survival of *Labeo rohita* infected with *Aeromonas hydrophila*. Journal of Applied Ichthyology 23: 80-86.
Sahu, S., Das, B.K., Mishra, B.K., Pradhan, J., Samal, S.K., e Sarangi, N. (2008). Effect of dietary *Curcuma longa* on enzymatic and immunological profiles of rohu, *Labeo rohita* (Ham.), infected with *Aeromonas hydrophil*. Aquaculture Research 39: 1720-1730.
Sajeevan, T.P., Philip, R., e Bright Singh, I.S. (2006). Efeito imunoestimulador de uma levedura marinha Candida sake S165 em *Fenneropenaeus indicus*. Aquaculture 257: 150-155.
Sajeevan, T.P., Philip, R., e Bright Singh, I.S. (2009). Dose/frequência: Um fator crítico na administração de glucano como imunoestimulante ao camarão branco indiano *Fenneropenaeus indicus*. Aquaculture 287: 248-252.
Sakai, M. (1999). Situação atual da investigação sobre imunoestimulantes para peixes. Aquaculture 172: 63-92.
Sakai, M., Kamiya, H., Atsuta, S., e Kobayashi, M. (1991). Efeitos imunomoduladores na truta arco-íris, *Oncorhynchus mykiss*, injectada com o extrato de abalone, *Haliotis discus hannai*. Journal of Applied Ichthyology 7: 54-59.
Sakai, M., Taniguchi, K., Mamoto, K., Ogawa, H., e Tabata, M. (2001). Efeitos imunoestimulantes do nucleótido isolado do ARN de levedura na carpa, *Cyprinus carpió* L. Journal of Fish Disease 24: 433-438.
Sankar, P., Telang, A.G., Manimaran, A., e Malik, J.K. (2010). Efeito imunoprotector da curcumina na toxicidade induzida pela cipermetrina em ratos. Química Toxicológica e Ambiental 92: 1909-1917.
Secombes, C.J. (1994). Aumento da atividade dos fagócitos dos peixes. Fish and Shellfish Immunology 4: 421-436.
Selvam, R., Subramanian, L., Gayathri, R., e Angayarkanni, N. (1995). A atividade antioxidante da *curcuma* (*Curcuma longa*). Journal of Ethnopharmacology 47: 59-67.
Sharma, A., Deo, A.D., Riteshkumar, S.T., Chanu, T.I., e Das, A. (2010). Efeito da raiz de *Withania somnifera* (L. Dunal) como aditivo alimentar nos parâmetros imunológicos e na resistência a *Aeromonas hydrophila* em alevins de *Labeo rohita* (Hamilton). Fish and Shellfish Immunology 29: 508-512.
Shaw, B.J. e Handy, R.D. (2011). Efeitos fisiológicos das nanopartículas nos peixes: uma comparação entre nanometais e iões metálicos. Environmental International 37: 1083-1097.
Shelby, R.A., Lim, C., Yildirim-Aksoy, M., e Delaney, M.A. (2006). Efeitos de suplementos alimentares probióticos na resistência a doenças e na resposta imunitária de tilápias jovens do Nilo, *Oreochromis niloticus*. Journal of Applied Aquaculture 18: 23-34.
Shelby, R.A., Lim, C., Yildirim-Aksoy, M., e Klesius, P. (2007). Efeitos de bactérias probióticas como suplementos dietéticos no crescimento e na resistência a doenças em juvenis de catfih de canal, *Ictalurus punctatus* (Rafiesque). Jornal de Aquacultura Aplicada 19: 81-91.
Shin, H., Kim, Y.S., e Kwak, Y. (2004). Um estudo adicional sobre a inibição do crescimento tumoral e metástase pelo polissacarídeo ácido do ginseng vermelho (RGAP). Natural Prod of

Science 10: 284-288.
Sivaram, V., Babu, M.M., Citarasu, T., Immanuel, G., Murugadass, S., e Marian, M.P. (2004). Crescimento e resposta imunitária de juvenis de garoupas gordurosas (*Epinephelus tauvina*) alimentados com dietas suplementadas com princípios activos antibacterianos à base de plantas contra infecções *por Vibrio harveyi*. Aquaculture 237: 9-20.
Siwicki, A.K., Anderson, D.P., e Rumsey, G.L. (1994). A ingestão de imunoestimulantes na dieta da truta arco-íris afecta a imunidade não específica e a proteção contra a furunculose. Veterinary Immunology and Immunopathology 41: 125-139.
Smith, M.A.K. (1981). Estimativa do potencial de crescimento através da medição das taxas de síntese de proteínas teciduais em trutas arco-íris em alimentação e jejum, *Salmo gairdneri* Richardson. Journal of Fish Biology 19: 213-220.
Soivio, A., Niemisto, M., e Backstrom, M. (1989). Composição em ácidos gordos de *Coregonus muksun* Pallas: Changes during incubation, hatching, feeding and starvation. Aquaculture 79: 163-168.
Soleimani, N., Hoseinifar, S.H., Merrifield, D.L., Barati, M., e Abadi, Z.H. (2012). A suplementação dietética de frutooligossacarídeo (FOS) melhora a resposta imune inata, a resistência ao estresse, as atividades das enzimas digestivas e o desempenho de crescimento dos alevinos de barata do Cáspio (*Rutilus rutilus*). Fish and Shellfish Immunology, 32: 316-321.
Soltani, M., Sheikhzadeh, N., Ebrahimzadeh-Mousavi, e Zargar, A. (2010). Efeito do óleo essencial de *Zataria multiflora* na resposta imunitária inata da carpa comum (*Cyprinus carpio*). Jornal de Pescas e Ciências Aquáticas 5: 191 -199.
Spring, P., Wenk, C., Dawson, K.A., e Newman, K.E. (2000). Effect of mannan oligosaccharide on different caecal parameters and on caecal concentration on enteric bacteria in challenged broiler chick. Poultry Science 79: 205-211.
Standen, B.T., Rawling, M.D., Davies, S.J., Castex, M., Foey, A., Gioacchini, G., Carnevali, O., e Merrifild, D.L. (2013). O probiótico *Pediococcus acidilactici* modula a imunidade intestinal e periférica localizada na tilápia (*Oreochromis niloticus*). Fish and Shellfih Immunology 35: 1097-1104.
Staykov, Y., Spring, P., Denev, S., e Sweetman, J. (2007). Efeito do oligossacárido de manano no desempenho do crescimento e no estado imunitário da truta arco-íris (*Oncorhynchus mykiss*). Aquaculture International 15: 153-161.
Su, B.K. e Chen, J.C. (2008). Efeito da imersão em saponina no reforço da resposta imunitária do camarão branco *Litopenaeus vannamei* e na sua resistência ao *Vibrio alginolyticus*. Fish and Shellfish Immunolology 24: 74-81.
Takeuchi, T., Lu, J., Yoshizaki, G., e Satoh, S. (2002). Efeito no crescimento e na composição corporal da tilápia juvenil *Oreochromis niloticus* alimentada com espirulina crua. Fisheries Science 68: 34-40.
Taoka, Y., Maeda, H., Jo, J.-Y., Jeon, M.-J., Bai, S.C., Lee, W.-J., Yuge, K., e Koshio, S. (2006 a). Crescimento, tolerância ao stress e resposta imunitária não específica da solha-das-pedras-japonesa *Paralichthys olivaceus* aos probióticos num sistema de recirculação fechado. Fisheries Science 72: 310-321.
Taoka, Y., Maeda, H., Jo, J.-Y., Kim, S.-M., Park, S., Yoshikawa, T., e Sakata, T. (2006 b). Utilização de células probióticas vivas e mortas na tilápia *Oreochromis niloticus*. Fisheries Science 72: 755-766.
Tapia-Paniagua, S.T., Diaz-Rosales, P., Leon-Rubio, J.M., de La Banda, I.G., Lobo, C., Alarcon, F.J., Chabrillon, M., Rosas-Ledesma, P., Varela, J.L., Ruiz-Jarabo, I., Arijo, S., Esteban, M.A., Martinez-Manzanares, E., Mancera, J.M., Balebona, M.C., e Morinigo, M.A. (2012). Utilização do probiótico *Shewanella putrefaciens* Pdp11 na cultura de linguado *senegalês* (*Solea senegalensis*, Kaup 1858) e dourada (*Sparus aurata* L.). Aquaculture International 20: 1025-1039.
Thanardkit, P., Khunrae, P., Suphantharika, M., e Verduyn, C. (2002). Glucan from spent brewer's yeast: preparation, analysis and use as a potential immunostimulants in shrimp feed. World Journal of Microbiology and Biotechnology 18: 527- 539.
Thompson, J.L. e Hinton, M. (1997). Antibacterial activity of formic and propionic acids in the diet of hens on Salmonella in the crop. British Poultry Science 38:59-65.
Thulasi, A., Rajendran, D., Jash, S., Selvaraju, S., Lyju Jose, V., Velusamy, S., e Mathivanan, S. (2013). Em: Sampath, K.T., Ghosh, J., Bhatta, R. (Eds.), Nanobiotecnologia em Nutrição

Animal. Satish Serial Publishing House, Nova Deli, pp. 499 -515.

Tilak, J.C., Banerjee, M., Mohan, H., e Devasagayam, T.P.A. (2004). Antioxidant availability of turmeric in relation to its medicinal and culinary uses (Disponibilidade antioxidante da curcuma em relação aos seus usos medicinais e culinários). Phytotherapy Research 18: 798-804.

Tovar, D., Zambonino-Infante, J.L., Cahu, C., Gatesoupe, F.J., Vazquez-Juarez, R., e Lesel, R. (2002). Efeito da incorporação de levedura viva na dieta composta sobre a atividade das enzimas digestivas em larvas de robalo. Aquaculture 204: 113- 123.

Tovar-Ramirez, D., Zambonino-Infante, J., Cahu, C., Gatesoupe, F.-J., e Vazquez-Juarez, R. (2004). Influência da levedura viva da dieta no desenvolvimento larvar do robalo (*Dicentrarchus labrax*). Aquaculture 234: 415-427.

Tyler, V.E. (1993). The honest herbal: A sensible guide to the use of herbs and related remedies. 3ª ed., Haworth Press, Nova Iorque.

Ulloa, R.J.B. e Verreth, J.A.J. (2003). Crescimento de *Oreochromis aureus* alimentados com dietas contendo níveis graduais de polpa de café e criados em dois sistemas de cultura. Aquaculture 217: 275-283.

Underwood, E.J. (1977). Zinc, Trace Elements in Human Nutrition. 4th ed. Academic Press, Nova Iorque, NY, EUA, pp. 196-242

Van Loo, J., Cummings, J., Delzenne, N., Franck, A., Hopkins, M., MacFarlane, G., Newton, D., White, L.A., Newman, M.C., Cromwell, G.L., e Lindemannm, M.D. (2002). Levedura seca de cerveja como fonte de mananoligossacáridos para porcos desmamados. Journal of Animal Science 80: 2619-2628.

Varalakshmi, C., Ali, A.M., Pardhasaradhi, B.V., Srivastava, R.M., Singh, S., e Khar, A. (2008). Efeito imunomudulatório da curcumina: In vivo. International Immunophramacology 8: 688-700.

Vázquez, M.J., Alonso, J.L., Domínguez, H., e Parajó, J.C. (2000). Xylooligosaccharides: manufacture and applications. Trends in Food Science and Technology 11: 387-393.

Vázquez-Júarez, R., Andlid, T., e Gustafsson, L. (1997). Adesão de leveduras isoladas do intestino de peixes ao muco intestinal bruto da truta arco-íris, *Salmo gairdneri*. Molecular Marine Biology and Biotechnology 6: 64-71.

Veeramani, P., Selvan, S.T., e Viswanathan, K. (2003). Effect of acidic and alkaline drinking water on body weight gain and feed efficiency in commercial broiler. Indian Journal of Poultry Science 38: 42-44.

Vetvicka, V., Dvorak, B., Vetvickova, J., Richter, J., Krizan, J., Sima, P., e Yvin, J.C. (2007). O Phycarine (1-3)-p-D-glucan marinho administrado por via oral estimula a imunidade humoral e celular. Revista Internacional de Macromoléculas Biológicas 40: 291-298.

Vinson, J.A., Patel, K., e Agbor, G. (2005). Polifenóis: quantidades totais em alimentos e bebidas e consumo per capita nos EUA. In: ACS 230th National Meeting. Livro de Resumos (n. AGFD 10). Sociedade Americana de Química, Washington.

Visek, W.J. (1978). The mode of growth promotion by antibiotics. Journal of Animal Sciences 46: 1447-1469.

Waché, Y., Auffray, F., Gatesoupe, F.J., Zambonino, J., Gayet, V., Labbé, L., e Quentel, C. (2006). Cross effects of the strain of dietary *Saccharomyces cerevisiae* and rearing conditions on the onset of intestinal microbiota and digestive enzymes in rainbow trout, *Onchorhynchus mykiss*, fry. Aquaculture 258: 470-478.

Wakabayashi, C., Hasegawa, H., Murata, J., e Saiki, I. (1997). A ação antimetastática in vivo das saponinas de ginseng protopanaxadiol baseia-se no seu metabolismo bacteriano intestinal após administração oral. Oncology Research 9: 411-417.

Wang, B., Feng, W.-Y., Wang, T.-C., Jia, G., Wang, M., Shi, J.-W., Zhang, F., Zhao, Y.-L. e Chai, Z.-F. (2006). Toxicidade aguda do pó de zinco em nano e microescala em ratos adultos saudáveis. Toxicology Letters 161: 115-123.

Wang, C. and Lovell, R.T. (1997).Fontes orgânicas de selénio, selenometionina e selenoyeast, têm maior biodisponibilidade do que uma fonte inorgânica de selénio, selenito de sódio, em dietas para o peixe-gato (*Ictalurus punctatus*). Aquaculture 152: 223-234.

Wang, J., Zhou, G., Chen, C., Yu, H., Wang, T., Ma, Y., Jia, G., Gao, Y., Li, B., Sun, J., Li, Y., Jiao, F., Zhao, Y., e Chai, Z. (2007). Toxicidade aguda e biodistribuição de partículas de dióxido de titânio de diferentes tamanhos em ratos após administração oral. Toxicology Letters 168: 176-185.

Wang, L., Pan, B., Sheng, J., Xu, J., e Hu, Q. (2007). Atividade antioxidante de extractos de *Spirulina platensis* por extração supercrítica de dióxido de carbono. Food Chemistry 105: 36-41.
Wang, T., Long, X., Cheng, Y., Liu, Z., e Yan, S. (2014). A toxicidade potencial de nanopartículas de cobre e sulfato de cobre em *Epinephelus coioides* juvenis. Toxicologia Aquática 152: 96-104.
Wang, Y. (2011). Utilização de probióticos *Bacillus coagulans, Rhodopseudomonas palustris* e *Lactobacillus acidophilus* como promotores de crescimento em alevins de carpa herbívora (*Ctenopharyngodon idella*). Aquaculture Nutrition 17: 372 -378.
Watanabe, T., Liao, W.L., Takeuchi, T., e Yamamoto, H. (1990). Efeito da suplementação de Spirulina na dieta sobre o desempenho do crescimento e os lípidos da carne do jack listrado cultivado. Journal of the Tokyo University of Fisheries 77: 231-239.
Watanuki, H., Ota, K., Malin, A.C., Tassakka, A.R., Kato, T., e Sakai, M. (2006). Efeitos imunoestimulantes da *Spirulina platensis* na dieta da carpa, *Cyprinus carpio*. Aquaculture 258: 157-163.
Weber, J.M., Ruzindana-Umunyana, A., Imbeault, L., e Sircar, S. (2003). Inibição da infeção por adenovírus e adenain por catequinas de chá verde. Antiviral Research 58: 167-173.
Weifen, L., Xiaoping, Z., Wenhui, S., Bin, D., Quan, L., Luoqin, F., e Dongyou, Y. (2012). Efeitos das preparações de Bacillus na imunidade e actividades antioxidantes na carpa herbívora (*Ctenopharyngodon idellus*). Fisiologia e Bioquímica de Peixes 38: 1585 -1592.
Wen, Z.S., Xu, Y.L., Zou, X.T., e Xu, Z.R. (2011). As nanopartículas de quitosana actuam como um adjuvante para promover as respostas imunitárias Th1 e Th2 induzidas pela ovalbumina em ratos. Marine Drugs 9: 1038-1055.
Wendelaar Bonga, S.E. (1997). A resposta ao stress em peixes. Physiological Reviews 7: 591-625.
Wichtl, M. (1994). Herbal Drugs and Phytopharmaceuticals (Medicamentos à base de plantas e fitofármacos). Boca Raton, CRC Press, FL, EUA, pp 128-129.
Won, K.M., Kim, P.K., Lee, S.H., e Park, S.I. (2008). Efeito do extrato residual de ginseng siberiano, *Eleutherococcus senticosus*, na imunidade não específica da solha-das-olivas, *Paralichthys olivaceus*. Fisheries Science 74: 635641.
Wu, C.C., Liu, C.H., Chang, Y.P., e Hsieh, S.L. (2010). Efeitos do extrato de água quente de *Toona sinensis* na resposta imunitária e na resistência a *Aeromonas hydrophila* em *Oreochromis mossambicus*. Fish and Shellfish Immunology 29: 258-263.
Wu, D.F., Lin, S.G., Wang, S.K., Li, J.S., e Huang, Z.J. (2001). Efeito dos aditivos alimentares à base de plantas medicinais chinesas na cultura de *Anguilla anguilla*. Jornal da Universidade Agrícola de Fujian (China) 30, 95- 98.
Wu, L.C., Ho, J.A., Shieh, M.C., e Lu, I.W. (2005). Actividades antioxidantes e antiproliferativas dos extractos de água de *Spirulina* e *Chlorella*. Journal of Agricultural Food Chemistry 53: 4207-4212.
Wu, S.-C., Yen, G.C., Wang, B.-S., Chiu, C.-K., Yen, W.-J., Chang, L.-W., e Duh, P.-D. (2007). Actividades antimutagénicas e antimicrobianas do chá pu-erh. LWT 40: 506-512.
Wu, Y.B., Ravindran, V., Thomas, D.G., Birtles, M.J., e Hendriks, W.H. (2004). Influência da fitase e da xilanase, individualmente ou em combinação, no desempenho, na energia metabolizável aparente (AME), nas medidas do trato digestivo e na morfologia intestinal de frangos de carne alimentados com uma dieta à base de trigo contendo um nível adequado de fósforo. British Poultry Science 45: 76-84.
Wu, Z.Q., Jiang, C., Ling, F., e Wang, G.X. (2015). Efeitos da suplementação alimentar de bactérias autóctones intestinais na imunidade inata e na resistência a doenças da carpa capim (*Ctenopharyngodon idellus*). Aquaculture 438: 105 -114
Wu, Z.X., Feng, X., Xie, L.L., Peng, X.Y., Yuan, J., e Chen, X.X. (2012). Efeito do probiótico *Bacillus subtilis* Ch9 para a carpa herbívora, *Ctenopharyngodon idella* (Valenciennes, 1844), no desempenho do crescimento, nas actividades das enzimas digestivas e na microflora intestinal. Journal of Applied Ichthyology 28: 721 -727.
Xiang, X. e Zhou, X.H. (2000). Efeito da aplicação da medicina herbácea chinesa em alimentos para animais aquáticos. Cereal and Feed Industry (China) 3, 27- 29.
Xu, B., Wang, Y., Li, J., e Lin, Q. (2009). Efeito dos xilooligossacáridos prebióticos no desempenho do crescimento e nas actividades das enzimas digestivas da carpa cruciana

alginogenética (*Carassius auratus gibelio*). Fish Physiology and Biochemistry 35: 351-357.
Yanbo, W. e Zirong, X. (2006). Efeito dos probióticos na carpa comum (*Cyprinus carpio*) com base no desempenho do crescimento e nas actividades das enzimas digestivas. Ciência e Tecnologia dos Alimentos para Animais 127: 283 -292
Yano, Y., Satomi, M., e Oikawa, H. (2006). Efeito antimicrobiano de especiarias e ervas aromáticas em *Vibrio parahaemolyticus*. Jornal Internacional de Microbiologia Alimentar 111: 6-11.
Yeh, R.Y., Shiu, Y.L., Shei, S.C., Cheng, S.C., Huang, S.Y., Lin, J.C., e Liu, C.H. (2009 a). Avaliação da atividade antibacteriana dos extractos de folhas e ramos da cânfora, *Cinnamomum kanehirae*, e dos efeitos na imunidade e resistência a doenças do camarão branco, *Litopenaeus vannamei*. Fish and Shellfish Immunology 27: 26-32.
eh, S.P., Chen, Y.N., Cheng, W., e Liu, C.H. (2009 b). Resposta imunitária do camarão branco, *Litopenaeus vannamei*, após uma infeção simultânea com o vírus da síndrome da mancha branca e o vírus da necrose hematopoiética e hipodérmica infecciosa. Fish and Shellfish Immunology 26: 582-588.
eh, S.T. e Chen, J.C. (2009). O camarão branco *Litopenaeus vannamei* que recebeu o extrato de água quente de *Gracilaria tenuistipitata* mostrou uma recuperação mais precoce da imunidade após uma injeção de *Vibrio alginolyticus*. Fish and Shellfish Immunology 26: 724-730.
eh, S.T., Lee, C.S., e Chen, J.C. (2006). A administração de extrato de água quente da alga castanha *Sargassum duplicatum* por imersão e injeção aumenta a resistência imunitária do camarão branco *Litopenaeus vannamei*. Fish and Shellfish Immunology 20: 332-345.
Yildirim Y.B. e Turan F. (2010). Efeitos da suplementação de enzimas exógenas nas dietas sobre o crescimento e a utilização de alimentos no peixe-gato africano, *Clarias gariepinus*. Animal and Veterinary Advances 9: 327-331.
ilmaz, E., Genc, M. A., e Genc, E. (2007). Efeitos dos mananoligossacáridos da dieta no crescimento, na composição corporal e na histologia do intestino e do fígado da truta arco-íris, *Oncorhynchus mykiss*. Jornal Israelita de Aquacultura 59: 182-188.
in, G., Ardo, L., Jeney, Z., Xu, P., e Jeney, G. (2008). As ervas chinesas (*Lonicera japonica* e *Ganoderma lucidum*) melhoram a resposta imunitária não específica da tilápia, *Oreochromis niloticus*, e a proteção contra *Aeromonas hydrophila*. In: Bondad-Reantaso, M.G., Mohan, C.V., Crumlish, M., Subasinghe, R.P. (Eds.), Diseases in Asian Aquaculture VI. Secção de Saúde dos Peixes, Sociedade Asiática de Pesca, Manila, Filipinas, pp. 269-282.
oshida, T., Kruger, R., e Inglis, V. (1995). Aumento da proteção não específica no peixe-gato africano, *Clarias gariepinus* (Burchell), através da administração oral a longo prazo de imunoestimulantes. Journal of Fish Disease 18: 195198.
u, Z.B., Chai, D.R., e Tao, H. (2007). Antagonismo do nano-quitosano contra o efeito mutagénico de diferentes mutagénicos em *Salmonella Typhinurium*. Occup. Saúde 19: 004-009.
aboli, K., Aliarabi, H., Bahari, A.A., e Abbasalipourkabir, R. (2013). Papel do óxido de nano-zinco dietético no desempenho do crescimento e nos níveis sanguíneos de minerais: um estudo em cabras angorá iranianas (Markhoz). Conselho Consultivo Internacional 2: 19-26.
hang, G., Gong, S., Yu, D., e Yuan, H. (2009). Os extractos de Própolis e *Herba Epimedii* melhoram a resposta imunitária não específica e a resistência a doenças do otário chinês, *Myxocyprinus asiaticus*. Fish and Shellfish Immunology 26: 467-472.
hou, Q.C., Buentello, J. A., e Gatlin, D.M. III (2010). Efeitos dos prebióticos na dieta sobre o desempenho do crescimento, a resposta imunitária e a morfologia intestinal do tambor vermelho (*Sciaenops ocellatus*). Aquaculture 309: 253-257.
hou, X., Wang, Y., Gu, Q., e Li, W. (2009). Efeitos de diferentes fontes de selénio na dieta (nanopartículas de selénio e selenometionina) no desempenho do crescimento, na composição muscular e na atividade da enzima glutationa peroxidase da carpa cruciana (*Carassius auratus gibelio*). Aquaculture, 291: 78-81.
Zhou, Y., Yuan, X., Liang, X.-F., Fang, L., Li, J., Guo, X., Bai, X., e He, S. (2013). Melhoria do crescimento e da flora intestinal na carpa herbívora: o efeito da celulase exógena. Aquaculture 416: 1-7.
hou, Z.-G., He, S.X., Liu, Y.C., Shi, P.J., Huang, G.X., e Yao, B. (2009). Os efeitos da cultura de levedura dietética ou dos fruto-oligossacáridos de cadeia curta nas comunidades bacterianas autóctones intestinais em tilápias híbridas juvenis, *Oreochromis niloticus* * *Oreochromis aureus*. Journal of the World Aquaculture Society 40: 450-459.

MIX
Papier aus verantwortungsvollen Quellen
Paper from responsible sources
FSC® C105338

Printed by Books on Demand GmbH, Norderstedt / Germany